2017 年重庆市教委人文社科项目《"渝新欧"战略背景下"渝西"竹文化艺术衍生品创新设计研究》。项目编号：17SKG169

2016 年重庆市社会科学规划项目《"渝西"竹文化创意产品设计与创新研究》。项目批准号：2016PY36

2017 年重庆文理学院校级教改项目《应用型高校环境设计专业跨学科教学模式的构建与实践》。项目编号：170212

乡村振兴战略下的乡村景观设计和旅游规划

高小勇　著

中国水利水电出版社
www.waterpub.com.cn
·北京·

内容提要

本书通过对乡村景观设计和旅游规划的理论研究，对当前乡村景观与乡村旅游发展过程中涉及的知识点展开了论述，并且对乡村旅游的典型案例展开分析，做到了理论与实践的结合，使人们可以对中国乡村景观设计和旅游规划的相关理论有更深层次的理解。

全书内容包括了乡村、乡村景观以及乡村旅游的概念，乡村景观的规划设计方法、农业生产景观规划、乡村建筑规划布局、乡村公共空间规划、乡村旅游规划设计、典型乡村景观与旅游规划案例七个方面。

本书内容详实、结构合理，适合乡村景观设计和乡村旅游的爱好者阅读学习。

图书在版编目 (CIP) 数据

乡村振兴战略下的乡村景观设计和旅游规划 / 高小勇著 . — 北京：中国水利水电出版社，2019.8（2025.1 重印）.
ISBN 978-7-5170-7938-5

Ⅰ. ①乡… Ⅱ. ①高… Ⅲ. ①乡村规划 – 景观设计 – 研究 – 中国②乡村旅游 – 旅游规划 – 研究 – 中国 Ⅳ. ① TU986.29 ② F592.3

中国版本图书馆 CIP 数据核字（2019）第 180638 号

书　　名	乡村振兴战略下的乡村景观设计和旅游规划 XIANGCUN ZHENXING ZHANLÜE XIA DE XIANGCUN JINGGUAN SHEJI HE LÜYOU GUIHUA
作　　者	高小勇　著
出版发行	中国水利水电出版社 （北京市海淀区玉渊潭南路 1 号 D 座　100038） 网址：www.waterpub.com.cn E-mail：zhiboshangshu@163.com 电话：（010）62572966-2205/2266/2201（营销中心）
经　　售	北京科水图书销售有限公司 电话：（010）68545874、63202643 全国各地新华书店和相关出版物销售网点
排　　版	北京智博尚书文化传媒有限公司
印　　刷	三河市龙大印装有限公司
规　　格	170mm×240mm　16 开本　12.25 印张　216 千字
版　　次	2019 年 9 月第 1 版　2025 年 1 月第 4 次印刷
定　　价	60.00 元

前　言

在都市人的眼中，乡村常与青山绿水、安静闲适的生活相联系，小桥、流水、人家，一幅幅恬淡的乡村田园画卷让人心旷神怡。草木茂盛、依山傍水、衣食富足、文化丰富，童年时代乡村的记忆永远在心灵深处呼唤。

随着时代的不断发展，人地矛盾加剧、自然生态失衡、传统文化衰落等是农村许多地方面临的共性问题，也是社会主义新农村建设和农村生态文明建设中需要统筹解决的重要问题。

乡村景观规划设计和旅游等方面的研究，是基于现代新农村和美丽乡村建设的重要组成部分。在党的十九大上，习近平总书记提出我们进入了社会主义新时代；同时提出了"金山银山就是绿水青山"的发展理念，在这一大背景下，美丽乡村的建设更加注重人与环境之间的和谐。为此，乡村规划和乡村旅游在乡村振兴过程中，占到了很大的比例，为乡村发展振兴提供了强大的发展动力和资金来源。对于乡村景观设计和乡村旅游这方面的研究，一直以来都是国内外学者研究的重点对象，作者在本书中独辟蹊径，将乡村景观设计和乡村旅游进行结合，从两个方面着手进行研究，撰写了《乡村振兴战略下的乡村景观设计和旅游规划》一书。

本书共分为七章内容，分别为第一章是乡村、乡村景观以及乡村旅游的概念，主要论述的是乡村的基本概念、乡村景观的基本概念、乡村旅游的基本概念，为接下来的论述阐明了界限，做好了理论铺垫。第二章是乡村景观规划设计与基本方法，主要内容是乡村景观设计的基本原则、乡村景观设计的三种方式、乡村景观的基础环境设计，将乡村景观规划设计所需条件进行了设定。第三章是农业生产景观规划，主要内容包括农业生产基础设施建设、家庭农场的规划设计，对农业生产景观规划的必要设施进行阐明。第四章是乡村建筑规划布局，主要内容包括民居建筑设施的规划、农业特色小镇规划、历史文化村镇建筑保护规划三部分，阐述了不同的乡村建筑规划布局。第五章是乡村公共空间规划，主要内容包括村镇医疗空间规划、文化娱乐空间规划、商业空间设施规划，阐述了乡村公共空间的功能、规划思想、所需条件等。第六章是乡村旅游规划设计，主要内容包括乡村旅游的空间格局、乡村旅游的产业组织模式、乡村旅游创新发展模式，对乡村旅游的空间格局和主要模式进行论述。第七章是典型乡村景观与旅游规划案例,主要论述了不同区域内的典型规划案例,与前文对应,做到了理论与实践相结合。

在撰写本书时,作者努力突出以下特点。

首先,内容翔实,书中涉及乡村景观规划的原则、空间、模式等内容,都有非常具体的论述。

其次,结构合理,从乡村、乡村景观等的基本概念界定开始,再到接下来的乡村景观设计、乡村旅游规划等内容,最后到典型案例分析的论述,呈现出总—分—总的结构,图文并茂。

本书在撰写的过程中参考了一些同仁、学者的著作,在这里表示真挚的感谢,由于本人时间和精力有限,书中难免存在不足之处,望广大读者批评指正。

作　者

2019 年 3 月

目 录

第一章　乡村、乡村景观以及乡村旅游的概念

在中国，乡村是一个非常庞大的人群生活区域，中国拥有超过8亿的人生活在乡村，这些人为乡村建设做出了很大贡献。近些年来，随着中国城市化进程加快、中国经济快速发展、新农村和美丽乡村建设等因素的带动，更多城市生活群体开始注意乡村和乡村旅游带来的身心需要，为此，乡村旅游成为现代社会发展的必然产物。为此，本章主要论述的就是有关乡村的基本概念，即乡村、乡村景观以及乡村旅游的概念方面的内容。

第一节　乡村的基本概念

一、农村与乡村的概念

"农村"的英文 countryside，指以从事农业生产为主的人们生活和聚居的地方，包括农田、自然环境、生产环境和生活聚居地。但从当今的中国农村生产现状来看，这个定义并不准确。农村的生产内容很早就从农业扩展到林、牧、副、渔业了，以副养农的农村比比皆是。农民由从事单纯的农业发展到植树林、造果园、养家禽、畜牧、养鱼等副业，甚至还发展到农副产品的加工业及工业，农村的生产内容发生了很大的变化，而农民依旧居住在农村这块土地上，每人都拥有一定的田地面积。按中国人习惯说的"农村"，其实已涵盖了"农、林、牧、副、渔"多种生产之地的统称，包括从事这些生产的人们生活、生产、居住的整体空间。"农村"词义内涵已发生了改变。"农村"一词的解释应是从事以农业为主，以林、牧、副、渔业为辅的人们生产、生活、居住的整体空间（图1-1）。

"乡村"的英文是"rural area"，《现代汉语词典》中的解释是：主要从事农业、人口分布较城镇分散的地方。词义与农村定义差不多。但从字面上来看，"乡村"的字义更多地带有行政划分之意，即是"乡"和"村"的范围指定，乡是县级以下的基层行政管辖单位，村是农民居住的村庄聚居

地。从环境范围来看,乡村与农村几乎是同义词,只是划分角度不一:"乡村"是行政划分;"农村"则是行业划分,以农业生产为主,林、牧、副、渔为辅的生产生活之地,涵盖了乡村的生产生活范围。虽然农村的生产有部分转入农业深加工,农民也进入了工厂工作,这并不妨碍称呼农村是以农业生产加工为主的产业基地之意。"农村"的字义随着历史的发展在扩展,这种变化已无形中被大众接受和普遍认同。因此,我们常听到的是"建设新农村"(图1-2),而不是"建设新乡村"。

图 1-1　农村景观

图 1-2　美丽农村景观

二、建设美丽乡村的意义与原则

（一）建设美丽乡村的意义

加强现代农村的人居环境和基础设施建设,采取统一规划、合理布局、有序建设的基本规划方案,有利于大规模地节约与集约土地应用,实现人与自然之间的和谐相处。

加强农村的人居环境建设,更快促进农村基础设施、生产设施以及公共设施的发展,建成一个环境良好、功能完善、特色鲜明的现代化新型乡村形式,对于缩小城乡之间的差别非常有利,也利于改善乡村的投资环境,进一步促进现代农村经济社会事业得以持续地发展。

加强农村的人居基础环境规划与建设,改变现代农民的传统建房形式和方式,促进农民树立起一个科学的规划意识、建设意识以及生态意识,对于将现代文明有机地融入乡土文明,非常有利,可以极大地促进现代农民的身心健康与思想观念、生活方式得以快速转变,进一步促进了农村的物质文明、精神文明、政治文明以及生态文明得以全面、快速、健康地发展。

（二）建设美丽乡村的原则

创建美丽乡村,通常情况下一定要遵循以下原则。

1. 以人为本，强化主体

在对乡村的创建过程中,一定要始终将农民群众的切身利益放在首要位置,持续强化农民在创建工作中起到的主体地位,充分发挥好广大农民群众的创造性与积极性,尊重农民在建设过程中的知情权、参与权、决策权以及监督权,引导现代新农村朝着生态经济、自觉保护生态环境、加快建设生态家园方向发展。

2. 生态优先，科学发展

根据人和自然之间的和谐发展相关要求,遵循自然发展规律,切实保护好农村的生态环境,充分展示出农村的生态文化特色,统筹推进农村的生态人居、生态环境、生态经济以及生态文化建设工作。注重深刻挖掘当地的传统农耕、人居等独特的文化丰富生态理念,在开发过程中去保护,在保护过程中不断进行建设,形成一村一景、一村一业,一村一特色,彰显出美丽乡村的独特性。

3. 规划先行，因地制宜

在进行乡村建设规划时,一定要遵循高标准、高起点要求,完善编制美好乡村建设的规划图。注重和村庄布局的规划、土地的利用规划、产业的发展规划以及农村土地的综合整治规划等有效衔接,强化规划体现出前瞻性、科学性以及可操作性,而且还必须要考虑到全国各地不同的自然条件,结合当地的地形地势,依托山水自然资源,统筹编制出"美丽乡村"建设规划,精心设计载体,突出乡村独特的特色,形成一个模式多样化的

"美丽乡村"建设格局。

4.典型引路,整体推进

强化总结提升与宣传发动,向社会推介一大批涵盖完全各种不同区域的类型、不同的经济水平所表现出来的"美丽乡村"典型建设模式,可以充分发挥出典型的示范带动作用,以点带面,可以有计划、有步骤地进行引导、推动现代"美丽乡村"的基本创建工作。同时,鼓励各地积极和自主地开展"美丽乡村"创建工作,持续丰富创建的模式与相关建设内容。

第二节　乡村景观的基本概念

一、景观和乡村景观的定义

"景观"的英文是 landscape,是指"一片土地"。从地理学上讲,景观指某个地方具有特色的风景。我们通常可以理解为:具有观赏性的景色、风景、景象,这与人们的风景观、自然观、审美观有关,是视觉意义上的概念。从视觉美学的角度讲,景观是一个地区整体的景象,风景、风光,它反映出的是该地区的一种综合体验和直观的视觉感受。

"景观"一词是根据自然特性的解释,主要是复杂的自然过程与人类活动在大地中所共同留下的一种文明的痕迹。也是多种功能要素得以集中的空间载体形式。

"景观是由不同土地单元镶嵌组成,具有明显视觉特征的地理实体,它是处于生态系统之上、大地理区域之下的中间尺度,兼具经济、生态和美学价值。"[①] "景观不仅仅是单纯的自然或生态现象,它也是文化的一部分。"[②]

"(1)景观作为视觉审美的对象,在空间中与人物分离,景观所指表达了人与自然的关系、人对土地、人对城市的态度,也反映了人的理想和欲望;(2)景观作为生活其中的栖息地,是体验的空间,人在空间中的定位和对场所的认同,使景观与人物我一体;(3)景观作为系统,物我彻底分离,使景观成为科学客观的解读对象;(4)景观作为符号,是人类历史与理想,人与自然、人与人相互作用与关系在大地上的烙印。因而,景观

① 肖笃宁,李秀珍.当代景观生态学的进展和展望[J].地理科学,1997(4).
② 吴家骅.景观生态学[M].北京:中国建筑工业出版社,1998.

是审美的、景观是体验的、景观是科学的、景观是有含义的。"①

"农村景观"主要是指在农村的地域范围之内的,以农村自然、生产、聚居生活环境作为典型特色的风景、景色,它主要包含了自然景观、生产景观以及人文景观三个方面。具体来说,"农村景观"一般都是以田地作为重要的基础,展现出的是生产、耕种、收割、劳作等农业生产的直观景象;其中,主要包括展现农、林、牧、副、渔等多种生产形式的景象;还包括生产者自身生产的自然环境与聚居生活环境的文化综合整体景象,通俗来看则被人们称为"农村风景"、"农村风光"、"田园风光"、"乡村景观"。

二、乡村景观的构成分类与构成要素

"自然景观"是指农村中自然存在的景观形式,主要包括山、河、湖、海、四季、气候、植物、石、岩、土、砂、水、云、雪、雨等,都是一些具有典型观赏性的风景。同时,还包含了一些第二自然的景观:人工生产景观,即农田果园的种植景象等类型。

"人工景观"指的是农村中的一些人工造景,主要包括建筑、建筑附属物、道路、桥梁、沟渠、商业街、集市、公共设施等典型基础设施。

"人文景观"主要是指农村中充分体现出其地域特色的,带有一定的文化、传统、历史、生活习惯、审美等氛围的,以人文背景为典型的景观形式,一般是指寺庙、建筑、集市、婚丧礼仪、民俗等独特的风俗习惯留下的痕迹。

三、乡村景观的构成要素

（一）乡村自然景观

乡村自然景观一般都是自然与人工相互结合的形式。农村一般都是从事农业的环境,乡村的自然景观应该包含乡村环境中的人为自然背景,即人造湖、水库、人造树林、沼泽地等多种景观类型。那些已经被人类所利用与实施改造过的自然要素,往往都属于人类和自然之间不断进行磨合之后而形成的景观类型,或者是人工模仿了自然而建造的山水、湖、森林等风景类型,只要属于自然山水形态,看不出是人工干预或创造的痕迹,我们都能够比较笼统地称之为自然景观,由于严格意义上的自然景观主要是指不受人类干扰的自然景观,但是这类景观目前少之甚少,特别是

---

① 俞孔坚. 景观的含义 [J]. 时代建筑, 2002（1）.

现代农村中的自然环境,通常也让被人们利用与改造过了。原生态的自然景观一般都是能够适宜万物生命的繁衍和生长的自然环境,是充满了生气的自然环境,它之所以具有无穷的魅力,就在于它并未被人类所干扰过。毋庸置疑,人类居住群的生活同样也会带给自然环境一定的改变,但是这种改变往往都是经历过长达几千年的历史沧桑以及人和自然的充分磨合后形成的,是一种和谐的自然状态。

自然环境所表现出来的地域差异和气候存在紧密关系,而气候对于植物的生长同样也有着非常直接的影响。植物通常情况下都是自然景观中不可或缺的元素之一,这就决定了在不同的地域之中,植物所表现出来的自然色彩也是各不相同的。如北方枫树、银杏树,可以作为北方农村景观中美丽的观赏性植物,而栽植到南方时,则不可能成活,这是因为南方有着非常高的温度;相反,南方的椰子树通常也都不可能栽植到冬天一些比较寒冷的北方地区。植物的生长特点就很好地决定了地域的自然景观特征。中国南北在气候、地形、地貌和地理位置等多个方面的都和南方存在极大的不同,南北方在农村的自然景观方面同样也会表现出非常明显的差异。

南方的空气比较湿润,雨水很多,冬天的温度也要高于北方地区,动植物的生长和北方相比较而言存在很大的不同;南方地区则呈现出山水自然景观优美的特色,人们称其为山清水秀(图1-3)。北方地区在空气方面非常干燥,灰沙严重,冬天干冷,所以,北方的山水自然风景明显表现为粗犷浑厚的特色(图1-4)。自然景观在不同的地区也会表现出完全不同的特色,这也是自然变化的一种客观现象,人类对它们往往是不可改变的。自然景观所表现出来的这种客观性,通常都会决定在不同地区的地理位置必然形成各种类型的乡村自然景观。只是根据地形地貌的不同对各种代表类型进行规划,就可以分为以下几种:山地乡村自然景观、平原乡村自然景观、丘陵乡村自然景观、盆地乡村自然景观等。总之,地形地貌的特征主要表现为形成地域自然景观的典型特色方面。

自然景观在人类长达数千年的发展历史过程中,除了自身出现一定的变化外,凡是出现人群聚居的位置,自然环境几乎也是由于人们的生存所需而被充分利用与改造了。由于人类的生存和发展都需要依赖自然环境,失去了自然也就不会出现人类。所谓靠山吃山,靠海吃海,就是这一道理。但是,荒山变为桑田同样也是由于人类的生存需要,所以,人类在生存发展过程中一定要依赖大自然,顺应自然,保护大自然。

图1-3 贵州铜仁自然景观

图1-4 黄土高原自然景观

自然景观在人对自然改造过程中同样也会产生质的改变,如梯田,它是在自然山体上开垦出来的田地类型,它同时也属于自然和人工相互结合形成的一种形式。原有的自然植物山体变成了生产粮食的重要基地——梯田,梯田通常也都是以生产景象产生的,所以,自然景观往往都会变为生产景观。

（二）乡村的生产景观

生产景观重点体现于农业的生产景象方面,除了能够表现出农村生产的景象之外,还重点包括农作物生长的景观。乡村本来就是以农业生产为主的基地,农业生产也属于乡村景观的主体组成,生产景观和当地经济的发展存在着十分紧密的关系,不同生产关系之间通常也都存在不同的农业生产景观,其主要的决定因素通常表现为生产力和生产方式。

传统的生产方式一般都是进行人工生产,即生产过程中的播种、种植、管理、收割等,全部都是由人工来完成的。

不管是人工耕种的生产景观还是现代化生产景观,都和当时的社会生产力、生产方式、生产庄稼的种类存在极大的联系,绝不可能是景观规划设计师的主观规划结果。农村在生产景观的构成方面主要是由生产者为主导的自然呈现,这种自然生产性通常也都具有特定的实用功能与典型的经济目的,是维持人类社会生活所必需的生产方式之一,其生产的性质和生产过程往往也都决定了农村的典型景观特色。可以说,农村的生产景观所体现出来的观赏价值往往是建立在这种经济生产基础上的,是一种由自然生产过程与生产者的行为结合起来的景观。它之所以非常美,就在于它是生产者们的食粮植物和自然生态环境之间的有机吻合,珍贵就在于其生产食粮和人们生活、生命之间是息息相关的。由于失去了食粮,人类就不能继续生存下去。生产景观表现出来的实际利益的生产和自然观赏价值结合,构成了农村景观典型的艺术特色,充分体现出了利益和愉悦感之间的共生美学价值,尊重生产者之间利益的同时,还需要顾及整体的生产景观形象,才是景观规划师需要追求的重要设计方式,维护数千年来已经形成的农田生产安全大格局,即保护农田的地形地貌和水渠灌溉等多重生产系统,在确保了现代生产安全的基础上实施锦上添花的规划,才可以最好地发挥出农村生产景观所起到的基础作用(图 1-5)。

图 1-5　传统和现代的农业生产景观

（三）乡村的聚落景观

乡村村景观中所表现出的独特文化背景,重点体现为聚落建筑的形式以及聚集居住的大环境之中。中国的乡村表现出典型的南北差异,每一个乡农村地区在聚落环境以及居住生活方式方面都充满了当地十分独特的风土人情,有着当地非常完整的自身文化以及传统文化的独特特征,非常值得人们对其进行保护和观赏。聚落景观通常都是由农居建筑和生活环境共同组成的,历史十分悠久、保存完好的聚落通常情况下都具有非常高的观赏价值,它凝聚的是当地文化和深刻的历史。凡是那些古老的村落,大多经历了长达几百年甚至上千年的发展过程,已经形成了最适合当地人们生活的环境模式。聚落的生活环境之中主要涵盖的是人的社会观、道德观、文化观、家族观等思想意识,积淀的是十分厚重的当地文化传统与精神特征。因为各地农村的生活习惯以及传统文化存在一定的差异,各地自然形成的多种建筑风格与居住环境往往都表现为不同的形式。一般那些历史比较悠久的聚落环境和本土的自然环境往往都非常融洽,建筑的造型、色彩基调通常也会非常和谐。这种和谐往往都是来源于建筑材料的和谐,其建筑的材料大多为就地取材,所以村落建筑就好像是从那块土地上生长出来一样,和周围的环境非常贴切吻合,带给人们一种自然、朴实、美丽的感觉(图 1-6)。

甘肃木板楼聚落　　　　　　　安徽宏村聚落

广州古水水东古村聚落　　　　福建土楼聚落

图 1-6　不同的聚落景观

上述的聚落景观,彰显出的是南北的不同特色。这些风格相异的聚落特征与当地的气候、地理位置、自然条件存在着紧密的联系。江南农村的空气非常湿润,雨水相对比较多,普通的建筑形态往往会在雾蒙蒙的村落环境之中不能凸显出来。所以,古人就会在建筑的造型上大胆地使用黑白两极的对比色彩:白墙黛瓦,在强烈的对比下不管是在晴天,还是在雨雾天气中都可以很好地彰显出村落的建筑形态,显得非常纯朴与亮丽。黑白两色为主调的聚落往往都会出现小桥流水的环境,在绿色的环绕之中尽显美丽,俨然一幅天然水墨画的典型风景素材,总是会使观者流连忘返,思绪万千。北方的农村景观和南方的景观存在着非常明显的差别,北方的建筑形态显得粗犷而厚重,四合院的形式也比较多(图1-7)。因为风沙的环境多发,人们往往都喜爱在建筑物上涂抹上大红大绿的亮丽色彩,以此展现出隐藏于心中渴望获得的审美情怀(图1-8)。

图1-7　北方传统四合院聚落群

图1-8　北方现代乡村聚落群

一些位置比较偏僻的山区聚落建筑,往往也有土墙茅草屋、竹屋、木屋等传统的建筑类型。如具有数百年发展传统的福建永定土建群居楼,主要包括八角楼、圆楼(图1-9)、方楼、五角楼等多种建筑的格式,可以称得上是传统大家族聚居的城堡,具有非常典型的当地传统风格。这些居住房屋的现状和当地对于历史、文化的承传,存在着非常深刻的渊源。建筑物所起到的基本功能通常都是为了尽可能地满足人类的居住需求,这些农村的建筑同样也都充分利用了当地的土材料建造而成,所以,这种朴实无华之美,浑然天成的和谐之美,是聚落景观无与伦比的人文特色的呈现。

图 1-9　福建圆楼

第三节　乡村旅游的基本概念

一、乡村旅游的定义

国内外的学术界对乡村旅游一直到现在还没有一个完全统一的定义,旅游体验论者、文化审美论者、社会人类学者、经济实用论者等都从不同的学科角度做出了多层面、多维度的论述,对乡村旅游进行的定义也是各有侧重、表述多样,而且还带有非常多的主观感知性。一般而言,颇具代表性的观点主要有下列几点。

西班牙学者 Gilbert and Tung(1990)认为:乡村旅游(Rural tourism)其实就是农户为旅游者们提供食宿等条件,使其能够在农场、牧场等多个比较典型的乡村环境中从事多种类型的休闲活动的一种旅游方式。

世界经济合作与发展委员会(OECD,1994)定义为:在乡村开展旅游活动,田园风味(rurality)属于乡村旅游的中心以及独特卖点。

以色列的 Arie Reichel 和 Oded Lowengart 以及美国的 Ady Milman(1999)则简明扼要地提出:乡村旅游实际上就是位于农村区域的一种旅游形式。它具有农村区域非常明显的特性,如旅游企业的规模需要小、区域要开阔与具有可持续发展性等多种特征。

英国的 Bramwell and Lane（1994）认为：乡村旅游不只是基于农业的一种旅游活动，而更多的是一个多层次的旅游行为，它除了包括基于农业的假日旅游之外，还包括具有比较特殊兴趣的自然旅游、生态旅游，在假日的步行、登山以及骑马等活动中，探险、运动与健康旅游，打猎与钓鱼，教育性旅游，文化和传统旅游，甚至是一些区域性的民俗旅游活动等，都属于乡村旅游的类型。

国内对于乡村旅游做出的定义非常多，何景明与李立华（2002）曾经认为，狭义的乡村旅游主要是指到乡村地区去，以具有乡村性的自然与人文客体作为旅游吸引物的旅游类型。乡村旅游的基本概念主要包含了两个大的方面：一是发生于乡村地区，二是以乡村性作为旅游的吸引物，二者必须同时具备才行。

现代的乡村旅游不管是内涵还是在形态上已经远远超越了古代的文人墨客在乡间的游居活动，而这是不可同日而语的。

欧美国家的传统乡村旅游诞生于工业革命之后，主要是源于一些来自农村的城市居民以"回老家"度假的方式出现的。尽管传统的乡村旅游仍然对当地都会带来一些具有价值的经济影响，并且还进一步增加了城乡之间的交流机会，但是它和现代的乡村旅游存在着非常大的区别，现代乡村旅游是在 20 世纪 80 年代时开始出现于农村地区的一种新型旅游模式，特别是在 20 世纪 90 年代之后才得以迅速发展起来，旅游者的旅游动机和回老家的传统旅游者存在着非常明显的区别。现代乡村旅游的主要特征是：旅游的时间不只是简单地局限在假期内；现代乡村旅游者已经可以充分利用农村地区的优美景观、自然环境以及建筑、文化等多方面的资源；现代乡村旅游对于农村的经济发展贡献也极大地增加了当地政府的财政收入，同时还为当地带来了很多就业的机会，对农村经济的快速发展具有非常积极的推动作用。随着具有现代人典型艺术特色的旅游者不断快速增加，现代乡村旅游已经发展成了农村经济增长的有效手段之一。

从概念的内涵角度对乡村旅游考察，现代的乡村旅游存在着和其他旅游形式不同的特点，主要表现为：（1）它是位于农村地区开展起来的一种旅游形式，具有典型的农村区域性特征。（2）田园风味在这个时候成了乡村旅游发展的中心与独特卖点。（3）用户在旅游活动中变成了供给方的经营主体，由农户给旅游者们提供食宿等合适的条件以及相关服务，使其可以在典型的乡村环境发展进程中从事各种各样的休闲活动。（4）乡村旅游不只是基于现代农业发展而兴起的一种旅游活动，同时也属于包括精神文化、健康养生、情寄乡愁等各个层面的旅游行为。（5）激活农村资源、拓展农业的基本功能，给当地的农户带来一定的创业与就业机会，大幅度提高当地的农户收入，对农村经济的快速发展都可以起到非常积极的推动作用，这点是极为重要的。

二、乡村旅游的特点

国内外的学者们在考察现代乡村的旅游发展过程中，概括出了它的不同特点，大体上来看，乡村旅游主要有下列几方面的主要特征。

（一）乡村性

乡村旅游所针对的主要消费者就是都市的居民，因为这部分人在日常工作中处于紧张状态，生活节奏比较快，同事工业文明所带来的环境问题正在日益突出，这就进一步触发了都市居民有一种回归自然、返璞归真的愿望。在乡村，不管是旅游吸引物还是旅游的环境载体，都恰好能充分适应与满足现代都市居民的这种愿望与需求，所以，传统的乡村生活与环境逐渐发展成了可贵且富有吸引力的旅游资源。乡村旅游者融入现代乡村大环境与社区生活之中，可以深刻地体验到乡村的生产、生活、生态乐趣，满足了城市居民回归自然、返璞归真的需要。

（二）原生态

在现代城市化发展进程之中，城市建设对与大自然环境、生态风貌和传统人文资源进行的改造与改变都处于高强度的，而乡村往往能够保留下来更多的原始状态自然环境以及其生态风貌，同时，工业化条件下的城市化社会之前的传统人文资源也在农村地区得到很好地保留。相对来看，乡村这些独特的资源禀赋呈现出了"原生态"的性状。基于乡村旅游者可以回归自然、返璞归真的基本愿望，他们同样也都希望旅游产品应属于一种比较原始的、原汁原味的形式，才是真正乡村的，而并非伪造的展览馆式的活动。

（三）大众化

相对于高端旅游而言，乡村旅游由于不必要提供一个豪华的住所、高价食品等，也大多都没有出现"景点门票"的入门成本，因此其表现出来的低成本、低价格特点就非常突出。这个特点很好地适应了人民群众的消费需要，所以，作为现代旅游发展主要形式的乡村旅游就带有了大众化的典型特征。从国内外来看,乡村旅游消费已经非常普及,甚至已经扩散到了普通的城市居民之中,特别是以城市的中产阶层作为主要的客源,已经发展成了一种大众化并且具有高层次的旅游消费模式。消费者大多会选择乡村旅游的主要原因,是注重乡村的质量以及精神层面的享受,所以乡村旅游应高度重视大众化项目与大众化消费。

（四）参与性

所谓参与性,主要指的是旅游者不需要再像观光旅游那样只是走马观花了,而需要更多地融入到乡村生产、生态、生活空间之中去,切身体验到乡村的风土人情,参与到乡村生产生活的过程中去;此外,乡村旅游的一些主要供给者,即农户也需要更多地融入到旅游的过程之中去,为旅游消费者提供更好的服务,甚至其自身就被当作旅游的载体、景点以及项目,参与到旅游的过程中去。所以,乡村旅游活动的一些项目都需要充分注重游客的参与性,加强农户和旅游消费者之间的良性互动。乡村旅游同时还需要更好地调动乡村社区居民积极参与进来,这样不但能够让整个乡村的社区居民受益,也可以真正地体现出乡村旅游的"乡村性"的特质。

三、乡村旅游的类型

乡村旅游的形式可谓丰富多彩。搜索国外文献可以看到,国外旅游业把乡村旅游作了如下分类:（1）游居,即旅游式居住。（2）居游,即居住式旅游。（3）第二居所,即以游居为主的旅游式居所。（4）诗意栖居,即生态文化游居方式。（5）野行,是以强身养性为宗旨,以村庄野外为空间,以人文无忧、生态无破坏、行走无路径为特色的村野徒步运动。还有学者作这样的分类:农业旅游（Agrotourism）、农庄旅游（Farm Tourism）、绿色旅游（Green Tourism）,一般指偏远乡村的传统文化和民俗文化旅游（Village Tourism）和外围区域的旅游（Peripheral Area Tourism）等。

国内学界从乡村旅游的主观动机和旅游内容角度,将乡村旅游分为如下几种类型:

（一）观光游览型

这种旅游的类型主要是以乡村的景象作为重要的观光载体,以绿色的景观与田园风光作为主题,如江西婺源的农业观光旅游,是目前国内做得非常好的一个案例,如图1-10所示的江西婺源油菜花节旅游景观。

图 1-10　江西婺源油菜花观光游

（二）知识教育型

乡村旅游一般也是集学习知识、游览、娱乐于一体的一种综合性活动，对旅游者而言，乡村旅游可以起到拓宽视野与增长见识的作用，如图 1-11 所示的山东农村旅游科普基地，就是一个知识教育型的旅游目的地。

图 1-11　知识教育型乡村旅游

（三）民俗文化型

这种类型的乡村旅游目的地主要是把我国劳动人民的原始自然生态、秀丽的自然山水和人文生态景观、特色的历史文化以及原始的乡情习俗充分地结合在一起，带有非常强烈的文化和生态色彩，突出了乡村旅游的典型地域性与民族性，如图 1-12 所示的汶川羌族特色乡村风俗文化旅游就属于这一类型。

图 1-12　汶川羌族特色乡村风俗文化旅游表演

（四）参与体验型

这种类型的旅游方式更加注重的是在旅游过程中亲自参与体验,让游客可以充分感受到自己融入到乡村的环境与氛围之中,对那些寻觅淳朴乡情的游客而言,这一形式具有无限的吸引力,如傣族的泼水节文化,就需要人们亲自参与其中,才能体会出浓浓的傣族风俗味道(图 1-13)。

图 1-13　傣族泼水节

（五）休闲康乐型

以康体疗养与健身娱乐作为旅游的主题,通过对乡村一些休闲运动的开发,实现游客娱乐休闲的同时,还能达到强身健体的主要目的。乡村旅游一个最为重要的形式就是涵盖了农业旅游、生态旅游、乡村民俗民情旅游、乡村建筑旅游、乡村食文化旅游、乡村商品文化旅游、乡村农耕文化旅游等多种乡村文化旅游类型(图 1-14)。

图1-14　乡村休闲旅游

　　从国内外对于当前乡村旅游的分类来看,这些仅仅属于概念性的旅游形式,现实中很多乡村旅游大多数都表现为复合型,即消费者在乡村旅游过程中还可以同时参与多种旅游类型和活动形式,所以,乡村旅游的产品通常也都表现为复合型的形式。随着国家经济的快速发展和城乡居民人均收入水平的持续提高,乡村旅游必定会出现一个快速普及的过程,旅游者对于乡村旅游的品种多样性、内容的丰富性以及体验的差异性等相关的要求,也会变得越来越高。同时越来越多的旅游者也已经不再只是满足于一些成熟的乡村旅游点与一些比较固定的旅游项目,他们很多人也在自主开辟新旅游点,提出了更多更新的旅游需要,让乡村旅游的内容与类型也在不停地发生变化,并呈现泛化的发展趋势。

第二章 乡村景观规划设计与基本方法

乡村景观是现代乡村旅游和美丽乡村建设的重点之一,因此,对于乡村景观规划和设计一定要遵循一定的方法。同时,在乡村景观规划设计过程中还必须要对其基础设施进行合理的规划建设,为此,本章主要论述的是乡村景观规划设计与基本方法,包括三个方面:乡村景观设计的基本原则、乡村景观设计的三种方式、乡村景观的基础环境设计。

第一节 乡村景观设计的基本原则

农村景观设计并不是要全部推翻农村的现状进行重新设计和规划,也并非是将城市建设的模式引入农村。而是要以保护农村的生态环境作为其主要的目的,维护地方的历史文化传统,缩小城乡之间的差距,大力推进农村的经济文化建设,提高农民的收入,建构和谐社会的规划与设计。"规划要尊重自然,尊重历史传统,根据经济、社会、文化、生态等各方面的要求进行编制。规划的内容要体现因地制宜的原则,延续原有乡村特色,保护整体景观;体现景观生态、景观资源化和景观美学原则,突出重点,明确时序、适当超前。"[①]为了能够顺利实现城乡之间的互补,建设新农村,乡村景观的设计需要坚持以下几项基本原则。

一、保护自然生态环境的原则

农村的景观设计通常都需要以保护自然生态环境作为首要的目的进行设计。保护自然生态环境的设计原则,具体而言就是应该做到任何规划都同生态环境相互协调,尽可能让其对环境产生的破坏降到最低,这种协调通常情况下都意味着设计需要充分尊重物种的多样性,减少对自然资源的不合理剥夺,保持营养与水循环系统,维持植物的生存环境与动物

---

① 张建华,陈火英.探索新农村建设背景下的乡村景观建设[J].建筑时报,2007(25).

栖息场所的质量,以便改善人居环境和生态系统。

乡村景观特征集中反映了人和土地之间存在的关系,农村的土地通常是农民生产、生活的用地,是和人们的生命紧密相关的神圣场所。农村景观主要体现于人和土地共同的经历以及历史变迁,和大自然磨合所形成的和谐共存的自然景观现象。农民世代在农村土地上靠大自然的生态环境维持生活需要,真实地反映了人和自然之间的共存关系。农村的景观往往都是人和天,和自然进行持续调整,和谐共处,最终达到的一种自然、安定和谐状态的。所以,坚持保护自然生态环境设计的一个基本原则就是要充分保证农产品的生产环境安全,保护人类的生命安全。维护农村的生态环境已经成为进行农村景观设计时所必须要坚持的一个重要节点。景观设计师一定要充分处理好景观环境和生态环境之间的共处关系,尊重自然,以便可以很好地保护几千年维系下来的农耕土地和人之间的共处关系。

从环境的角度进行思考,在规划控制过程之中,充分尊重地域的自然生态环境、人文环境,留住田园的风光。任何一个集体或者个人,都不得进行私自去占用农用耕地和破坏土壤、水体以及大气环境的活动,应该对村庄的内外环境进行有效的保护(图2-1)。

图2-1　乡村水体保护

保护自然生态环境的设计通常都是生态设计的直接意义所在。"生态设计不是一种奢侈,而是必须;生态设计是一个过程,而不是产品;生态设计更是一种伦理;生态设计应该是经济的,也必须是美的?"[①] 在当前农村建设和改造的大热潮推进过程中,一定要强烈抵制任意进行大拆大建、破渠改道、填河造房、毁田伐林等多种破坏自然环境的现象。生态

① 俞孔坚,李迪华,吉庆萍. 景观与城市的生态设计:概念与原理[J]. 中国园林,2001(6).

设计一定是农村景观设计必须严格遵守的基本原则之一,维护数千年来人类传承下来的人地相互和谐的关系,高度重视和保护农业生产的安全格局,是每一个农村规划设计师必须要肩负起的责任。

二、尊重地域特色的原则

坚持尊重每一个地域的独特特色、保护传统的文化原则,是更好地突出地域个性、尊重当地乡村居民们生产生活方式的一个人性化原则。地域特色就是地方特色。它主要包含的是当地独特的天时、地理与人文。天时主要是指当地的季节、气候、温度等一些自然生活条件;地理主要是指当地所处的地理位置、地势及山川河流等一些典型的自然风貌;人文主要是指当地所遵循的文化风俗和生产生活习惯等多种形式。这三个方面的内容共同组成了一个地域非常独特的特色。天时、地理都会随着自然的变化而发生相应的变化,是深受自然环境的影响所形成的,绝非人为改造可以实现的。这种自然风貌进一步决定了当地的独特自然特色,人和自然之间相和谐所构成的自然环境特色也是值得我们尊重与保护的,不能轻易地被人为破坏。而人文往往是不同的,它主要是当地人在历代的生活过程中所形成的习惯积累,受世世代代的传统思想、家族文化和时代信息的传播、经济发展和政策的影响会发生相应的变化。地域文化主要包含的是历史传统、民俗风情风物等,都是当地老百姓十分宝贵的精神财富(图 2-2)。

苗族风俗

蒙古族风俗

藏族风俗

布依族习俗表演

图 2-2 不同民族和地域的风俗

乡村的景观设计需要充分利用与发挥出其典型的地域特色,保护传统文化,丰富当地人的文化生活,重整精神家园,使当地的老百姓生活变得更为丰富有意义。尊重与保护地域文化通常是很好地彰显出地域典型特色的唯一途径,绝对不进行简单地相互模仿与复制,更不能进行所谓的破旧立新,只有将文化传统传承下去,才能有效地展现与发挥出不同地域的特色。以江西婺源为例,当我们现在走进江西婺源,那些保留得较为完好的古老村庄,无不为是历史的见证,如徽商在皖南农村大地上谱写下来的建设家园的动人篇章,过去曾经出现的辉煌,到现在依旧可以深切地感受到,带给人们非常多的启示与感悟。为何经历了长达数百年的历史,这些古村落依然魅力无穷呢? 其中最为关键的一点就是古村落中都很好地凝聚了浓厚的地域传统文化色彩,那高低错落的马头墙不仅具有十分独特的装饰性,而且还具有邻里间防止出现火灾蔓延的隔断功能,具有非常强烈的传统文化与典型地域色彩。

在当前"经济全球化"快速发展的大背景下,互联网所带来的铺天盖地的信息流已经给人们带来十分强烈的冲击力,人们在审美意识方面逐渐出现了混乱,对大量的外来文化产生了极强的好奇心与盲目推崇的情况,使原来具有典型地域特色的传统文化变得越发冷落,这也是一件非常可悲的事,一旦地域特色出现消失,那么各地的传统文化也就会随之消失,各地的农村出现了雷同的情形,人们在精神生活上可能将陷入单调枯燥的境地,从而变得毫无意义。优秀的传统文化通常都是农村家家户户的精神寄托,是和谐社会得以发展的重要基础,也是乡村文明建设的基本保障,是乡村建设的景观要素。

三、经济、实用、美观原则

乡村景观在设计过程中一定要积极提倡采用经济、实用、美观的理念,乡村村庄的环境属于景观设计中非常重要的组成部分。

我们的祖先很早之前就开始了就地取材创建屋舍的传统,采用一些比较实用而坚固的材料作为建造的基本原则。直到现在,各地的农村仍然还完好地保留下来一些古老的村庄。各地的农村在建造房屋民居时采用的材料不同,房屋的形式各异,大多都是祖先们因陋就简,因地制宜,渗透了人类的无限智慧与聪明才智,造型十分别致,居住的功能极为完善。例如:甘肃少数民族乡村的木楼,就是利用当地生产的木材创建而成的(图2-3);云南乡村充分利用当地的竹子作为建筑材料,修建的竹楼民居独具特色(图2-4);河南乡村人们充分利用山区独特的地形特征创建出了窑洞民居形式(图2-5);等等。其共同的特征就是可以充分利用当地的材料解决民居建造过程中的问题,造型十分自然、美观,好像是从地面中长出来的一样,是当地土生土长的建筑形式,其形态和当地的自然环境非常融洽,不仅经济实用,而且还十分生态环保,和当今的现代居住建筑物相比,它更富有民族性、地域性、传统性艺术特色。

图2-3　甘肃木楼群落

图2-4　云南竹楼

图2-5　河南窑洞

经济实惠是中华民族的传统美德,值得人们大力发展弘扬,我们能够选择一些价廉物美的建筑材料,建造出更富有品位且符合当地特定地域特色的景观村落来,这也是景观设计师应尽的责任。不管是富裕还是贫穷,都应保持节俭的生活态度去对待每一项设计。坚持少花钱办好事办大事的基本设计原则,塑造与梳理好现代乡村的新景观。一个比较好的村落保护,不仅仅是要靠外界的力量,而更多的是要依靠当地人对传统文化的认同感以及自觉地传承朴素的情感,如老宅地村庄,每家都要面临老房子的维修与拆建等问题,如果大家都可以一起来维护本地的传统建筑独特特色一致性,这就可以充分体现出整个村庄村民的自觉爱家乡文化,体现出了一种十分朴素的情感,俗话说"眼睛是心灵的窗口",村庄的整体形态就好像是房屋的窗口,能够看到居住于该村庄的村民关系是否和谐。村庄建筑的整体形态如果能够呈现出和谐统一的话,就可以体现出整体之美,充分说明了全体村民都具有典型的集体精神与向心力,具有典型的和睦、团结、顾全大局的良好传统。反之,村民之间相互进行攀比,彼此之间进行对立、视觉混乱,一旦反映在村庄的建筑形态上,往往都会表现得杂乱无章、毫无规律。只有充分体现出了村庄的整体之美,才可以很好地反映出浓郁的地方色彩,吸引更多的游客到这里观赏,本土文化才能更好地对外传播(图 2-6)。

图 2-6　乡土玩具遵循了美观、实用、经济的原则

我们还会发现,传统的村落特色最终的发展形成,除了文化因素之外,还和建筑时所使用的材料紧密相关。和谐美丽的传统村落建筑大多

数都采用的是就地取材方式,具有非常浓郁的地域特征,即便是围合的院子所使用的栅栏,也和建筑材料是相互统一的,以采用当地的自然材料为多,建造者多为农民,他们并非专业的设计师,但是他们却非常懂得自然之美,设计出来的建筑具有朴实大方的外观,实用且比较美观。建造房屋所使用的材料主要有:木材、竹材、石材等。各地由于当地的建筑材料各异,取材十分方便且都会形成各种不同的景观形象。就地取材不但非常经济实惠,而且还能够突出不同的地域特色,从而增添了景观的整体美感。随着现代社会的不断发展,农村经济也得到迅速发展,一部分农民已经逐渐富裕起来了,有了一定的经济基础首先想到的就是对居住环境进行改造,有些地方自然就出现了一些盲目的模仿欧洲建筑风格的形式,将农村的自然村改造成了一些罗马建筑的别墅洋房。甚至还有一些住宅建筑上出现了罗马柱、欧式雕花墙和中国传统的龙凤纹样的混杂现象,这种文化意识的不当和模糊,中外元素混淆的奇怪建筑现象,导致农村景观和整体自然环境之间出现非常严重的失调(图2-7)。

图2-7　农村建筑的文化错位装饰

现代经济的快速发展,建筑材料的种类已经非常丰富,给当前的市场发展也带来了十分典型的繁荣空间,同时也给农村的建筑外观装饰带来了一种从未出现的大混乱现象。新农居的建筑材料使用更是杂乱无章,色彩的不合理涂刷,极大地破坏了农村原有的和谐景观(图2-8)。

图 2-8　农村建筑的不协调色彩涂刷

四、可持续发展的原则

当前,中国正处于重构乡村与城市景观的一个重要的历史阶段,城市化、全球化及唯物主义给未来数十年的景观设计学发展提出了三方面的大挑战:能源、资源和环境危机带来的可持续性挑战,有关中华民族文化的身份问题具有典型的挑战性,重建精神信仰的挑战。

乡村的主要特色是粮食生产,畜牧业、渔业等得到发展。经济、实用、美观的设计原则主要是以最少的投资获得最大的利益,通俗来讲,就是要"少花钱多办事"。以节能环保作为设计的理念,在调整梳理的前提下,整合好村落中和现代生活发展不相协调的因素,提高现代农民的文明意识,养成农民讲卫生的生活习惯。

在农村大力推行沼气(图 2-9),不但非常经济、实用、清洁,还可以大量节约能源、环保,有利于现代农村的可持续发展进步。农村地区建设沼气池同样也存在得天独厚的条件。沼气制作的过程通常都是利用废物的过程,沼气的大力推广能够很好地实现"一池三改",即沼气池的设立能很好地改变猪圈、厨房、厕所。使农民可以通过沼气池彻底改变过去的老式厨房、厕所、猪圈等不卫生的生活环境。

节能环保、资源再生本来就是绿色设计的根本所在。在农村的景观设计过程中只有坚持这个基本的治理理念,才能更多地节约资源。如充分利用太阳能进行发电、风力发电等,这也是农村得以可持续发展的一个长远战略所在,更是造福于现代人类的重要设计观念,在全球的能源、资源和环境危机发展前提下,更加需要人们长时间坚持这个设计的基本理念。农村的秸秆回收利用,垃圾无害化处理等,最大限度地减少了环境污染等多个方面的问题,这也是我们景观环境设计过程中应该重点关注的一点。

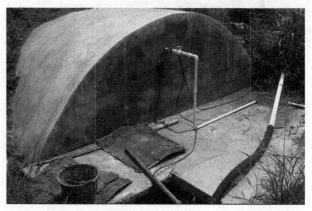

图 2-9　农村沼气

第二节　乡村景观设计的三种方式

一、保护的方式

保护方式主要体现出地域景观的独特特色。注重保护与充分发扬地域景观的独特特色往往都是农村景观设计时需要高度关注的重要问题。地域景观特色往往也包含自然与人文两个重点内容。自然主要是指一个地区的环境自然,包括当地的地貌、地质、气候、生物、水源等多种类型的环境的综合体。人文主要是指当地所呈现出来的各种文化现象,包括当地的历史、文化、传统影响带来的文化背景。要保护当地景观,首先需要保护好自然与人文的原生态性。原生态性通常都是最富有地方色彩的草根文化,属于稀有的、不可多见的类型。正是由于这种特殊的个性存在,它才可以独具一格,才可以很好地吸引人们的关注与赏识。

我国农村大多数分布在自然环境相对较好的地带。不管是山区还是盆地、山丘、平原,其自然环境所表现出来的特色也是各不相同的。例如:皖南地带主要是以群山为典型地方特色:群山环抱,群峰叠嶂,草盛林茂,山谷溪流交错(图 2-10);江南的农村主要是以水乡为其典型特色的地脉优势,以河湖密布的地理环境孕育出了江南鱼米之乡的优秀传统文

化(图 2-11);苏北平原十分开阔,视野通透,保护好这里的特有自然生态
环境,才可以充分发挥出地域独特的景观优势。

图 2-10 皖南群山中的村落

图 2-11 江南农村

风水文化源于中国民间广泛流传的一种选址建房等传统经验的积
累。其主要的目的就是要为处理好人和环境之间的关系,求得和天地万
物相处的平衡关系,从而达到趋吉避凶安居乐业的愿望。用现代的思想
观念来分析它,其中所包含的就是环境学、气象学、美学等多学科的合理
因素,有其科学的一面,不能一概将其视为迷信,西递、宏村的徽商们通常
都会更具风水学来选址建造自己的家园。

农村景观的视觉范围之中所体现出来的地方文化元素大多都集中于
农村的一些古村、古镇、古桥、古建筑等基本的造型与装饰上,因为年代非
常久远,损坏十分严重,需要现代人去修旧加以保留。建筑学家吴良镛教
授说:"建筑学是地区的产物,建筑形式的意义与地方文脉相连,并解释
着地方文脉。"中国农村十分广阔,南北之间的差异非常大,农居建筑的
形式也是多种多样的,农居的建筑形态和建筑上的装饰也在各地的农村
都有,但是地区的不同,就会有截然不同的风格,大多数都具有当地的典
型特色,其装饰的内容中也具有典型的文化内涵与特色,具有十分浓厚的

装饰趣味以及非常典型的文化情节。非常值得人们对其进行保护、传承与观赏。其建筑的形态和当地在气候、环境、地质及生活习惯、信仰、风水等方面都存在十分紧密的关系，而装饰的内容与当地人在经济文化和信仰、信念、民俗民风之间存在着直接的关联，江苏泰州泰潼一带的水清淳、土质胶黏，以盛产上等砖瓦闻名于世。因此当地的砖雕技艺精湛，独具风格。民居门楣常以砖雕装饰，其内容包含渔、樵、耕、读、三国人物戏文，栩栩如生。在建筑的屋脊和山尖（山墙的顶尖）灰塑上常用荷花莲藕，寓意佳偶天成；松树牡丹，代表长命富贵（图 2-12）。

图 2-12　泰潼的黏土制作的雕花

二、改造的方式

改造的方式主要体现在传承地域的景观特色。

改造的目的是传承当地的自然和文化特色，使之成为有本地传统特色的现代化新农村景观。改造不是随意地盲目改变，而是在调查的基础上分析和寻找地方文化传统元素，有计划、有步骤地进行系统化的规划设计，适应当地人生产生活的最佳环境，适应农村特有的自然环境，是在保护原有古老装饰风格基础上的改造，是一种传承地域文化的行为，值得注意的是，改造不是模仿而是在本身地域文化中寻找代表性符号，并作适当的强化，不然就会失去地域的特色，丧失文化传统。

我国具有非常悠久的历史、灿烂的文化，造就了数量庞大的历史文化古村落。历史文化名镇（村）通常仍然还保存有十分丰富的文物，而且还具有非常重大的历史文化价值，可以比较完整地反映出一定历史时期中的传统风貌与地方特色，其中的大部分街巷、建筑、环境以及居民生活状态都保存得十分完好，中国已经把历史文化村镇的保护纳入正式的法制轨道上来。但是，真正纳入法规保护的历史文化名村只不过是中国数量庞大的自然村落中的非常少的一部分。通常在村落中依旧或多或少地保留下来一定的传统特色,与历史文化名村一起构成了中华民族长达几千年的古老文化完整的载体,在体现村落传统方面二者缺一不可。广大的普通村落也是传统文化的基质,而那些优秀的历史文化名村则属于其中的精髓部分。如果对传统文化的保护只是体现于保护历史文化名村层面上,那么失去了传统的文化基质的历史文化名村,就会如同一个孤零零的花瓶一样。建设新农村的一个最根本的目的就是可以构建和谐社会,其中的文化和谐与历史传统则是可持续发展十分重要的因素之一。所以,在新农村的规划过程中对于村落传统的保护与延续往往就具有非常重大的意义(图2-13)。

（a）历史文化名村——唐模古镇

（b）历史文化名村——尤溪县桂峰村

图2-13　典型历史文化名村

　　回顾一些历史文化名村的建筑群,它们整体非常和谐,统一之中又富有变化,非常耐看,追溯其发展历史,过去的一个村庄中总会出现一两个富有名望的人,他们大多都是有文化、有修养、受大家尊重的长者,他们带头建造起来的房屋形态非常容易就被大家所认可,成为村庄建筑的标准模式,也会非常快地被模仿与流行,最终就会形成这一地区的建筑风格与特色。从这个方面来看,我们祖先的确做得非常好,居住建筑群在色调的形态及使用的材料方面都是很统一和谐的,体现出了邻里间的团结和睦。

三、创新的方式

创新的方式主要体现在发扬地域景观特色,用创新的方法来规划与设计农村的景观,其主要的目的就是要发扬地域的景观特色,进一步引导与规范农村住宅建设形式。在当前新农村的规划建设过程中,应该充分注意整体规划的重要性,农村在建设的时候一定要具有一个比较长远的目标,有一定的发展规划与具体措施才可以开展活动。

(一)新居建设应该体现出地域特色

农民住房建筑往往都是农村景观发展过程中最为重要的组成部分,农民的建筑是否美观,直接会影响到农村整体的形象,建筑群好看,农村的景观就会美丽。

社会在不断发展,思想在持续进步,人们在审美方面也在持续发生变化,怎样进行创新,这也是我们所面临的一个非常艰巨的任务,为了避免建筑在形式上出现混乱,建筑形态的确定可以多听取专家的意见。

创新不能脱离地域特色,而是应该在传统文化基础上寻找一定的文化元素,结合现代人的生产生活习惯对其进行重新塑造,使新建筑不仅具有原本的传统风格,而且还不乏现代典型的气息,建新房对于农民而言是生活中的一件大事,农民往往也会喜欢将自身的美好愿望一同建造于自己的新房屋上,通常也会在建筑上添加一些装饰纹样(图2-14)。

新农居建设还应该注意满足居住者的生产生活的双重需要,我国的农居一般按照农居的传统习惯来布置,即后院设有厕所、禽畜及其他基础设施等。

(二)农田和树木的布局之美

植物是和土地的利用、环境的变化结合在一起的,是最紧密的一种自然景观元素。树木通常也都具有非常强的水土保持能力,其树冠枝叶往往都可以截住雨水而减少对土壤的冲蚀;树木植物一般还可以遮阴与防止地面水分蒸发,保护地下水层。地被植物还具有固土涵养水分,稳定坡体的作用,通常还能抑制灰尘飞扬与土壤侵蚀等。

图 2-14　具有昆明特色的房屋

农田景观的种类非常多：有水稻田、麦田、土豆、棉花田、高粱田、蔬菜田等，各种季节都有自己的不同观赏特色。假如在一望无际的农田中配置一棵树姿很美的大树，它不仅可以点缀农田的整体美，夏季的树荫下还是干农活的人们最佳的小憩场所（图 2-15）。

图 2-15　农田与树木之美

在乡村景观建设过程中，一定要注意农田和树木之间的良性搭配，充分发挥出树木的观赏性，以此提高农村整体环境的品味。

第三节　乡村景观的基础环境设计

一、村庄景观设计

当前，全国都正面临着新农村建设的新时期，从中央到地方都非常重视农村、农业、农民的发展问题。因为地理条件的差异，各地区的经济发展速度不一而足,建设乡村的条件也不一致,我们在这里分别论述。

（一）自然村落的环境设计

自然村落在环境设计方面通常都是以维护为主地进行改造,不是大拆大建。既然村落的格局已经是农村很多年来逐渐发展形成的,通常也是农田包围村庄,村庄可环望田野,"田围绕着村,村看护着田";这种"田"、"村"相依相望的格局充分反映出了历代农民和田地相依为命的情结,也是农村自然聚落分散形成的适应生产方便看管农田的自然形态。自然村落之所以是自然的,一定有其自然的形成道理,我们应该尽量尊重当地农民的生活习惯,不能轻易地打破他们原有的居住形式。

在对自然村落环境进行设计时,需要本着节约的原则,充分立足现有的基础对房屋与设施实施改造,防止出现大拆大建现象,防止加重农民的负担,扎实稳步地推进村庄的治理工作。

开发具有观赏价值的古村落,也属于乡村旅游项目中重要的内容。设计的重点就在于要注意保留村落的古老风格,哪怕是一棵古老的树、一个有岁月的水井、一块沧桑的石磨,它都能充分体现出村庄的历史,是村民祖祖辈辈生产生活的真实写照(图2-16)。

图2-16 村中古树

（二）中心村的环境设计

"中心村"是近年来对农村实施改造过程中出现的一个新居住形式,集中居住的房型规格一般大体一样。好处一,节约土地;好处二,可集中供电、供水、供气,可节省能源;好处三,可改善农民居住环境,干净卫生,接近城市花园小区模式,便于安全管理。但是我们建设的中心村主要目的并非单纯地解决与改善农民的居住问题,更为重要的是应关心这种居住形式是促进农业生产还是阻碍生产。

中心村的统一规划能够很大程度上避免农村建筑在形态上不统一的状况出现,在选材方面也需要注意其协调统一性,在色彩、造型、风格、用材等多个方面都能保持整体和谐。中心村建设的资金有限,所以在规划设计过程中应该突出其经济实用性,在生活设施的配套设计角度来看同样也需要结合农村生产生活的基本特点,如结合畜牧业的发展。

中心村的建设除了需要进一步改善居民的生活条件之外,还需要满足与丰富村民的生活,村内能够规划设计配建一些基础的公共设施,如图书馆、文化馆、影视院、科技展示馆、养老院、小商店等,充分发挥出中心村的优势所在。中心村由于居住的人口多且十分密集,需要配置特定的公共设施,如孩子们的游戏场所、青年交流中心等。

二、商业环境设计

集市贸易市场在农村已经具有了非常悠久的发展历史,有了农业就有了商品交换,发展到现在,集市已经形成了商业街,农村的商业环境设计重点针对的是农村的集市贸易环境设计,各地的农村农民也都存在赶集的习惯。并且还有固定的时间与固定的集贸市场。集市贸易是人们进行信息交流最为频繁的场所,农村居民也非常习惯使用这种生活的方式,所以,对农村集市的保护和人性化的设计都值得设计师们重点去关注。

集市贸易市场的设计必须要从人性化的角度进行考虑,尽量方便和满足居民生产生活的需要,考虑公共设施的布局也应该合理,如垃圾桶、公共厕所等场所的布局应该选择偏僻的场所,广告牌、店面招牌等一些外挂的装饰,需要布局整齐美观。

对待古老集市的街道、老房子、商铺等建筑,应该以保护为主,维护古老的风貌为宜,不能提倡大拆大建、劳民伤财的房屋建设,以修旧如旧的方式传承当地的地域文化。除了保护好具有典型价值的老建筑之外,还应该注意保护好集市中的古老生活用具,如古石雕、石磨、石碾、石井等,用一些古老的生活用具来装饰临街的门面,增加乡镇古街的文化和历史韵味,乡镇周围的古老树木能够很好地衬托出老街的整体环境所担任的历史厚重感,这也是构成古老集市历史文化景观的要素所在,值得人们对其进行保护(图 2-17)。

图 2-17　临街门面

三、公共环境设计

　　传统的乡村都有一个非常典型的特征,就是极其注重对公共空间进行营造。不管是哪个地方的农村,公共空间都是必不可少的,那是居民非常喜爱聚集与交流的场所。如集市街与大戏台、庙会、祭祀等其他的场所。这些场所大多是各种民间社会活动的中心区域,也属于村民生活中十分重要的组成部分。此外,作为村的行政中心——村委会,也多是村民集体活动的首选之地。我们在进行新农村景观建设时,更应该充分考虑到对这些已具有的公共空间做出适当的景观优化,形成村民的休闲娱乐最佳场所,以此进一步完善乡镇村庄整体的形象以及整体的环境。

　　农村的公共空间和城市相比存在很大的差距,为了进一步缩小城乡之间的差别,在有条件的情况下,逐渐增加各种公共空间环境以便满足村民们的生活与精神层面的需要。如设敬老院、幼儿园、卫生院、图书馆、文化馆、活动中心、体育馆、展览馆(科技、美术、摄影、教育等多种多样内容的展示)、影像馆等丰富村民的精神生活,提供一种广泛接受新事物的环境,以此提高村民的文化修养与综合素质(图 2-18)。

　　农村环境的公共空间设计应该充分注意和农村景观保持统一和谐,在农村的自然环境内建造一些全新建筑也需要注意和当地的建筑特色保持吻合,切忌求怪求异的建筑造型,避免失去农村独特的美感特色,只有以一种可以突出农村特色和自然环境相和谐的设计理念,才能很好地建造出永葆地域特色之美的农村景观,这种农村景观的地域特色美才能经得起时代的考验。

图 2-18　农村公共空间设计

四、景观小品设计

农村景观小品的设计通常都包含了很多的方面,重点都是以美的形式装饰某种小环境,可以提升特定的观赏价值。农村景观小品有的是以植物作为主要的构成元素,也有的是以自然材料为主进行的装饰环境设计,还有的是雕塑和植物构成的小景等。

随着我国经济的快速发展,20世纪90年代初期,中国各地的农村都陆续兴起了乡村旅游的热潮,到处也出现了类似于农家乐的观光农业游形式,由于大多是农民自发的,缺乏足够的引导,或者是开发者受到了一定的局限性,成功者比较少。农村的自然美丽同样也是农村的特色所在,越是美的地方就越能够吸引观光者,提升农村环境的美感指数往往都能极大地吸引城市人前去观赏,农村的农作物则属于得天独厚的美感构成元素。

采用传统的农具作为景观小品,能够引发当代人的怀旧情绪,引发年轻人的好奇与关注。不管是哪个年代的农具,都可以集中反映出当时的经济、文化和生产力发展水平,具有特定的历史意义,传统的农具主要有木轮车、板车、木船、铁犁、水车、脱粒机等多种形式,还有一些是生活用具,包括石磨、石井、木水桶、腌菜缸、油布伞、油纸伞、柳条筐、斗笠等,还有的是原始建筑茅草房等。

民间传统的生产生活用品随着现代化人们日常生活的快速发展变化而逐渐走向消失,但这些用具上记载着人类的一段文明史。传统的农具与生活用具同样也记载了一代又一代人的奋斗历史,所以它也是一种真实生动的表现。用传统的农具做成小品景观,具有特定的纪念意义。也具有十分浓厚的乡土气息,物品作为现代环境中的装饰小品展示出来,具有非常高的观赏价值(图2-19)。

图 2-19 利用农具装饰景观小品

五、农家庭院设计

农家庭院是现代乡村景观设计过程中的重要组成部分,也是现代农业观光游开发的基本内容,充分反映出了农村居民在居住环境与整体精神面貌方面的特色。作为农业旅游开发区,农家庭院的设计通常都能够在现有的条件上进行开发,充分利用现代农家生产生活的用品,农作物、花木等作为装饰农家基本环境的装饰品,进一步提升农家庭院所具有的审美价值。也能够采用经济实惠,因地制宜的设计手法改变现状,使当代的农家小院更为自然美丽,充满丰富的农家生活气息。需要设计师用心进行设计,以便能够突出农家庭院的乡土气息与农家生活的真实之美,而并非是模仿城市的旅馆饭店生活环境,否则就会对城市的顾客失去独特性和吸引力,所以,农家小院在设计的时候必须要突出农家的特征(图 2-20)。

图 2-20 农家小院设计

农家的庭院设计应该充分表现出农家生活的独特特色之美以及朴实自然之美。农家庭院能够充分利用的装饰物品非常多,比较常用的生产农具、生活用具,大多突出了农家庭院的特征,是最佳的装饰元素,如小木三轮车、板车、木桶、大水缸、腌菜缸、柳条笆斗、簸箕、竹篓、竹篮、竹筐、扁担等,分布于院落的各个墙角、屋檐之下也能够点缀与增添农家的浓郁生活氛围;院内的门前檐下还可以充分利用挂晒的农家产品去装饰墙面的院落,以便可以增添乡土的生活气息。如稻穗、麦穗、玉米棒串、大蒜串、辣椒串、柿饼串、山芋干、干菜、鱼干、腊肉、火腿、香肠等。不同的季节也可以使用不同的晾晒物品,这些食品材料也可以烹制出鲜美的农家特色菜肴(图 2-21)。

图 2-21 农家庭院的食物装饰物

农家庭院的设计,属于一项就地取材的典型项目。为此,设计师一定要做到因地制宜、因"材"施策,充分突出农家庭院的不同风格和地域特色,才能吸引住更多的人来农村旅游。

第三章 农业生产景观规划

规划,作为人类的基本活动之一,其目的是为规划对象谋取可能条件下的最大利益。新农村规格要从乡镇和村庄建设的全局出发,综合进行乡镇和村庄规划,统筹安排乡镇和村庄建设,逐步改善广大乡镇和村庄的生产和生活条件。本章将对农业生产景观规划展开论述。

第一节 农业生产基础设施建设

一、给水工程建设

(一)给水工程规划内容与范围

1. 给水工程规划内容

对于小城镇集中式给水工程规划的内容主要体现在以下几个方面。

(1)对规划地区农村的用水量进行预测。

(2)要分析水资源与用水量供需是否平衡。

(3)对于水源的选择,应根据实际情况制定水资源保护要求及措施。

(4)水厂的位置、用地要结合实际情况而确定,并提出相关的给水系统布局框架。

(5)结合当地的实际情况设置给水管网和输水管道。

(6)农村居民整体用水量通常约等于生活用水量。

(7)要注意农业用水量的规划,如庄稼的灌溉、牲畜的用水、水产养殖和农场用水量等。

2. 给水工程规划范围

对于小城镇给水工程规划范围与小城镇总体规划范围一致,如遇到水源地在所规划区的范围外时,水源地和输水管线要注意加入规划区给水工程规划范围内。

（二）农村用水类型及用水量预测

不同规模的农村用水类型是有差别的，如对水量、水质和水压其要求各不相同，这里以村镇为例。村镇用水类型概括起来通常有以下几类。

1. 居民的日常生活用水及用水量预测

这类用水主要包含居民的饮用水、做饭、洗衣、洗澡、如厕等日常生活用水。对于居民的生活用水对水质要求较高，要按照国家《生活饮用水卫生标准》（GB 5749—2006）来执行。需要注意的是，居民的日常生活用水水压要能满足普通用户的用水需求，如果水压太高了，则会造成费电，浪费资源；如果水压太低了，就满足不了普通用户的需求。

预测时可以根据国家现行的相关标准《建筑气候区划标准》（GB 50178—93）的所在区域，按表3-1所示，进行预算。

表3-1　村镇居住建筑的生活用水量指标（L/（人·d））

建筑气候规划	镇区	村庄
Ⅲ、Ⅳ、Ⅴ	100 ~ 200	80 ~ 160
Ⅰ、Ⅱ	80 ~ 160	60 ~ 120
Ⅵ、Ⅶ	70 ~ 140	50 ~ 100

2. 公共建筑用水及用水量预测

公共建筑用水是指不同类型的公共建筑用水。

公共建筑用水量要按照《建筑给水排水设计规范》（GB 50015—2010）的相关规定实行，还可以依据生活用水量的8% ~ 25%进行估值，其中村庄为5% ~ 10%、集镇为10% ~ 15%、建制镇为10% ~ 25%；无学校的村庄通常不涉及此项。

3. 工业用水及用水量预测

这类用水主要是村镇工业生产用水，对于不同企业其要求的水质也不相同，对水中所含的矿物质及有机物杂质的允许值也是有很大差别的，应尽量满足。如果一些企业有特殊水质要求的，可以采用企业后处理的方法解决。

工业用水量要依据国民经济发展规划、工业类别和规模、生产工艺要求，结合相关资料分析确定。如遇缺乏相关用水资料时，可按表3-2

预算。[①]

表3-2　各类乡镇工业生产用水定额

工业类别	用水定额 m³/t	工业类别	用水定额
榨油	6 ~ 15	制砖	7 ~ 12 m³/ 万块
豆制品加工	5 ~ 15	屠宰	0.3 ~ 1.5m³/ 头
制糖	15 ~ 30	制革	0.3 ~ 1.5m³/ 张
罐头加工	10 ~ 40	制茶	0.2 ~ 0.5m³/ 担
酿酒	20 ~ 50		

4. 畜禽饲养用水及用水量预测

畜禽饲养用水主要是指村镇养鸡、鸭、鱼、猪等畜禽用水。畜禽饲养用水预测如表3-3所示。[②]

表3-3　畜禽饲养用水定额 [L/（头·d）]

畜禽工业类别	用水定额	畜禽类别	用水定额
马、驴、骡	40 ~ 50	育肥猪	30 ~ 40
育成牛	50 ~ 60	鸡	0.5 ~ 1.0
奶牛	70 ~ 120	羊	5 ~ 10
母猪	60 ~ 90	鸭	1 ~ 2.0

5. 特殊情况用水及用水量预测

这类用水主要是指管网漏水量及未预见水量等。管网漏失水量和未预见水量之和,可依据每天最高的用水量15% ~ 25%进行计算。通常情况下,村庄取相对较低的值、规模较大的镇区通常要取较高值。

6. 消防用水及用水量预测

这类用水主要是发生火灾时灭火时用的水,属于突发情况用水。其

---

① 工业用水量应根据以下要求确定:(1)工业用水量应根据企业类型、规模、生产工艺、用水现状、近期发展计划和当地的生产用水定额标准确定。(2)企业内部工作人员的生活用水量,应根据车间性质确定,无淋浴的可为 20 ~ 35 L(人·班);有淋浴的可根据具体情况确定,淋浴用水定额可为 40 ~ 60 L(人·班)。(3)对耗水量大、水质要求低或远离居民区的企业,是否将其列入供水范围应根据水源充沛程度、经济比较和水资源管理要求等确定。

② 集体或专业户饲养畜禽最高日用水量,应根据畜禽饲养方式、种类、数量、用水现状和近期发展计划确定。（1）放养畜禽时,应根据用水现状对按定额计算的用水量适当折减;（2）有独立水源的饲养场可不考虑此项。

对水压、水量有一定的要求，设计时必须按照消防规范要求执行。消防用水量应按照《建筑设计防火规范》（GB 50016—2014）的有关规定执行，还可以依据生活用水量的 8% ~ 25% 计算。

（三）农村给水系统组成

农村给水系统的组成通常来说要比城市给水系统简单很多，它通常由三部分组成，即取水、净水、输配水，如图 3-1 所示。

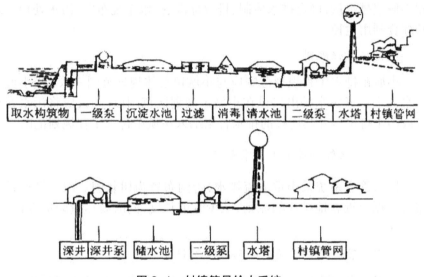

图 3-1　村镇简易给水系统

（1）取水工程。取水工程是指将需要用的水量从水源处摄取。通常由取水构筑物和取水泵房构成。

（2）净水工程。将从水源取来的水经过一些消毒和净化处理，使水质符合使用规定。通常由净化构筑物及消毒设备构成。

（3）输配水工程。将净化处理后的水按照规定的压力，通过管道系统输送到不同需求地。通常由清水房、输配水管道和调节构筑物构成。

给水工程的组成不是固定不变的，不同地区其设计时也应结合当地的实际情况进行组合和改进，以降低成本、节约资源为原则。如以地下水为水源，水质要符合《生活饮用水水质标准》的要求，则节省去水处理构筑物，只需加氯消毒或直接饮用，节约水处理费用；如以优质泉水为水源，可采用重力流供水，节省加压泵房和加压电费。

二、排水工程建设

（一）排水工程规划内容及范围

1.排水工程规划内容

以小城镇为例，其排水工程规划内容主要有确定小城镇排水范围，预测小城镇排水量，确定排水体制、排放标准、排水系统布置、污水处理方式和综合利用途径。

2.排水工程规划

小城镇排水工程规划范围应与小城镇总体规划范围一致；当小城镇污水处理厂或污水排出口设在小城镇规划区范围以外时，应将污水处理厂或污水排出口及其连接的排水管渠纳入小城镇排水工程规划范围。

（二）排水管道及施工要求要点

排水管道系统采用重力流排水，管网布置为树状网。雨水管道系统布置遵循就近就地排放的原则，减少管道长度，同时要尽量顺坡埋设，减小埋深。

1.排水管道（渠）的断面形式和材料

排水管道的断面形式多为圆形。排水沟渠的断面形式可以采用矩形、弧形流槽的矩形、带低流槽的矩形和梯形等，如图3-2所示。

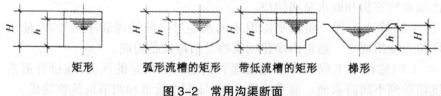

矩形　　弧形流槽的矩形　　带低流槽的矩形　　梯形

图3-2　常用沟渠断面

排水管道主要有混凝土管、钢筋混凝土管、塑料排水管和陶土管等。塑料排水管应用越来越广泛，常用品种包括：硬聚氯乙烯（PVC-U）排水管、高密度聚乙烯（HDPE）排水管。排水沟渠可以采用砖、石头（条石、方石、毛石）、混凝土板砌筑。

2.排水管道（渠）的施工要点

（1）钢筋混凝土管施工安装要点

①一般采用"四合一"安管法，即将平基、安管、管座、抹带四道工序

合在一起,一气呵成。具体步骤是:安装模板、下管、浇筑平基、安管、注管座、接口抹带。

②水泥砂浆抹带接口的水泥砂浆应选用粒径 0.5 ~ 1.5mm,含泥量不大于 3%的洁净砂,水泥砂浆配比为:水泥:砂:1:2.5。抹第一层砂浆时注意管带与管缝对中,厚度为带厚的 1/3。待第一层砂浆初凝后抹第二层。抹带完成后应立即用吸水性强的材料覆盖,3 ~ 4 小时后洒水养护。

③钢丝网水泥砂浆抹带接口选用网格 10mm×10mm、丝径为 20 号的钢丝网。钢丝网端头应在浇筑混凝土管座时插入混凝土内,在混凝土初凝前,分层抹压钢丝网水泥砂浆抹带;抹带完成后应立即用吸水性强的材料覆盖,3 ~ 4 小时后洒水养护。

④胶圈接口的应将承口内工作面、插口外工作面清洗干净;套在插口上的橡胶圈应平直、无扭曲,应正确就位;橡胶圈表面和插口工作面应涂刷无腐蚀性的润滑剂;冬期施工不得使用冻硬的橡胶圈。

(2)塑料排水管施工要点

①塑料管黏结时不可在具有水分的塑料管上涂刷胶黏剂(不可在雨雪中施工);管材、管件、胶黏剂在使用前至少在施工环境温度下搁置 1 小时;最好使用管材、管件生产厂提供和推荐的胶黏剂,一些通用的胶黏剂必须经过严格的检验,合格后方可使用。

②塑料管与法兰阀门、装置、容器连接时,应采用法兰连接。

③用热熔对接连接工具加热待连接的端面时,加热时间、加热温度应符合管材、管件生产企业的要求。

(3)检查井的施工要点

为便于对管渠系统作定期检查和清通,必须设置检查井。检查井通常设在管渠交汇、转弯、管渠尺寸或坡度改变、跌水等处以及相隔一定距离的直线管渠段上。

检查井的施工要点如下:

①井室一般用红砖砌筑在专用混凝土基础上。

②井室内的流槽砌砖,应交错插入井墙,使流槽与井墙形成整体。不应先砌井墙,然后砌流槽,造成两者分离。流槽应砌(砖)、抹(面)成与上下游管径相同的半圆弧形,不应无流槽,也不应砌成梯形或矩形。

③圆井的砌筑,应掌握井墙竖直度和圆顺度;方井要掌握井墙竖直、平整、井室方正,掌握井室几何尺寸符合质量标准;砌筑砂浆应饱满(包括竖缝),特别是污水管道的检查井(包括雨、污合流检查井),更应使砌缝饱满,防止井壁渗水,保证带井闭水试验成功。

（三）污水处理与雨水、污水利用、排放

（1）小城镇排水规划应结合当地实际情况和生态保护，考虑雨水资源和污水处理的综合利用途径。

（2）小城镇污水处理应因地制宜选择不同的经济、合理的处理方法，处于城镇较集中分布的小城镇应在区域规划优化的基础上联建区域污水处理厂；远期 70% ~ 80% 的小城镇污水应得到不同程度的处理，其中较大部分宜为二级生物处理。

（3）不同地区、不同等级层次和规模、不同发展阶段小城镇排水和污水处理系统相关的合理水平，应根据小城镇经济社会发展规划、环境保护要求、当地自然条件和水体条件、污水量和水质情况等综合分析和经济比较，符合相关的规范要求。

（4）污水用于农田灌溉，应符合现行的国家标准《农田灌溉水质标准》（GB 5084—2005）的有关规定。

（5）小城镇污水排除系统布置要确定污水处理厂、出水口、泵站及主要管道的位置；雨水排除系统布置要确定雨水管渠、排洪沟和出水口的位置；雨水应充分利用地面径流和沟渠排除污水、雨水的管、渠均应按重力流设计。

（6）小城镇污水处理厂和出水口应选在小城镇河流的下游或靠近农田灌溉区，污水处理厂应尽可能与出水口靠近，污水处理厂应位于小城镇夏季最小频率风向的上风侧，与居住小区或公共建筑物之间有一定的卫生防护地带；卫生防护地带一般采用 300 m，处理污水用于农田灌溉时宜采用 500 ~ 1000 m。污水处理厂位置选择要求如表 3-6 所示。①

---

① 注意：（1）不同程度污水处理率指采用不同程度污水处理方法达到的污水处理率。（2）统建、联建、单建污水处理厂指郊区小城镇、小城镇群应优先考虑统建、联建污水处理厂。（3）简单污水处理指经济欠发达、不具备建设较现代化污水处理厂条件的小城镇，选择采用简单、低耗、高效的多种污水处理方式，如氧化塘、多级自然处理系统，管道处理系统，以及环保部门推荐的几种实用污水处理技术。（4）排水体制的具体选择除按下表求外，还应根据总体规划和环境保护要求，综合考虑自然条件、水体条件、污水量、水质情况、原有排水设施情况，技术经济比较确定。

表 3-4 污水处理厂位置选择要求表

小城镇分级规划期		排水体制一般原则 1.分流制 2.不完全分流制	合流制	排水管网面积普及率（%）	不同程度污水处理率（%）	统建、联建、单建污水处理厂	简单污水处理
经济发达地区 一	近期	△1	—	95	80	△	—
	远期	●1	—	100	100	●	—
二	近期	△1	—	90	75	△	—
	远期	●1	—	100	100	●	—
三	近期	—	85	65	—	○	—
	远期	●1	—	95～100	90～95	●	—
经济发展一般地区 一	近期	△2	—	85	65	—	—
	远期	●1	—	100	100	●	○
二	近期	○2	—	80	60	—	—
	远期	●1	—	95～100	95～100	●	○
三	近期	○2	—	75	50	—	○
	远期	△1	—	90～100	80～85	●	—
经济欠发达地区 一	近期	○2	—	75	50	—	—
	远期	●1	—	90～100	80～90	△	—
二	近期		○	50～60	20	—	○
	远期	△2	—	80～85	65～75	△	—
三	近期		○部分	20～40	10	—	○低水平
	远期	△2	—	70～80	50～60	—	△较高水平

○：可设；△：宜设；●应设

三、电力工程建设

（一）电力工程规划的内容

乡村电力工程规划,必须根据每个乡村的特点和对乡村总体规划深度的要求来编制。电力工程规划一般由说明书和图纸组成,它的内容有：

分期负荷预测和电力平衡。包括对用电负荷的调查分析,分期预测乡村电力负荷及电量,确定乡村电源容量及供电量;乡村电源的选择;发电厂、变电所、配电所的位置、容量及数量的确定;电压等级的确定;电力负荷分布图的绘制:供电电源、变电所、配电所及高压线路的乡村电网平面图。

（二）电力网的敷设

电力网的敷设,按结构分有架空线路和地下电缆两类。不论采用哪类线路,敷设时应注意:线路走向力求短捷。并应兼顾运输便利;保证居民及建筑物安全和确保线路安全。应避开不良地形、地质和易受损坏的地区;通过林区或需要重点维护的地区和单位时,要按有关规定与有关部门协商处理;在布置线路时,应不分割乡村建设用地和尽量少占耕地不占良田,注意与其他管线之间的关系。

确定高压线路走向的原则是:线路的走向应短捷,不得穿越乡村中心地区,线路路径应保证安全;线路走廊不应设在易被洪水淹没的地方和尽量远离空气污浊的地方,以免影响线路的绝缘,发生短路事故;尽量减少线路转弯次数;与电台、通信线保持一定的安全距离,60千伏以上的输电线、高于35千伏的变电所与收信台天线尖端之间的距离为2km;35千伏以下送电线与收信台天线尖端之间的距离为1km。

钢筋混凝土电杆规格及埋设深度一般在1.2～2.0m。当电杆高度为7m时,埋深1.2m;8m长电杆时,埋深1.5m;9m长度时,埋深1.6m;10m长度时,埋深1.7m,长度为11m、12m、13m时,其埋设深度分别为1.8m、1.9m、2.0m。

电杆根部与各种管道及沟边应保持1.5m的距离,与消火栓、贮水池的距离等应大于2m。

直埋电缆（10千伏）的深度一般不小于0.7m,农田中不小于1m。直埋电缆线路的直线部分,若无永久性建筑时,应埋设标桩,并且在接头和转角处也应埋设标桩。直接埋入地下的电缆,埋入前需将沟底平夯实,电缆周围应填入100mm厚的细土或黄土,土层上部要用定型的混凝土盖板盖好。

（三）变电所的选址

变电所的选址,决定着投资数量、效果、节约能源的作用和以后的发展空间,并且应考虑变压器运行中的电能损失,还要考虑工作人员的运行操作、养护维修方便等。所以,变电所选址应符合以下要求。

（1）便于各级电压线路的引入或引出。

（2）变电所用地尽量不占耕地或少占耕地，并要选择地质、地理条件适宜，不易发生塌陷、泥石流等地。

（3）交通运输方便，便于装运变压器等笨重设备。

（4）尽量避开易受污染、灰土或灰渣、爆破作业等危害的场所。

（5）要满足自然通风的要求。

四、乡村道路规划

（一）乡村道路现状及问题

（1）缺少硬化：部分村社道路、宅间路还是"雨天泥泞，晴天尘土"的土路，恶劣的交通条件给村民出行带来严重不便。

（2）道路较窄：由于缺乏系统的规划，村民新建、扩建民居建筑时，往往按照传统习惯预留道路空间，很多道路基本只能满足村民和非机动车通过，对乡村未来的发展产生了极大的制约。

（3）缺少停车场地：随着经济的发展和农业机械化的普及，很多农村已经拥有一定量的中小型农机和机动车辆，但目前乡村中基本没有配置专用停车场地，且道路较窄，车辆停放较为困难。

（4）道路景观较差：沿街建筑与村内道路距离较近，空间压迫感较强，且缺乏绿化，整体性的道路景观较差。

（二）乡村道路规划原则

道路选线应顺应地形，利用原有乡村道路和田间道路，避让地质灾害隐患点等不良工程地质条件，按交通需求合理确定道路宽度。结合邻里交往和休闲健身需求，合理布置村庄步行道。主要道路路面一般采用水泥混凝土材料（部分有条件的美丽乡村可采用沥青混凝土材料），步行道路路面采用石板、碎石、鹅卵石等乡土材料。

（三）乡村道路系统规划及竖向规划

1.乡村道路系统规划

乡村道路应以现有道路为基础，顺应现有村庄格局。保留原始形态走向，道路结构、形态、宽度等自然合理。打通断头路，增强对外交通联系，同时完善村庄内部道路系统，合理布局村内外道路网，主次分明，打造便捷的交通路网。

（1）村庄主干路：一般与村庄出入口直接相连，承接村庄主要通行和对外联系功能，主干路宽度至少为双车道，以满足机动车、城乡公交的通行需求，宽度不宜小于 4m。

（2）村庄次干路：次干路连接村庄主路，辅助主路串联整个村庄，规划宽度不宜小于 2.5m。

（3）宅间路：规划宽度不宜小于 2.5m。

（4）通村路：除国道、省道、县道、乡道等公路外，串联各村的主要道路，根据交通量合理规划通村道路宽度，规划宽度不宜小于 3m，宽度为单车道时，应设立错车道。

（5）田间路：田间路主要满足农业耕作需要，具体宽度根据地方农业生产需求而定。

村庄道路出入口数量不宜少于 2 个，有条件的村庄应合理利用乡村零散空地，规划公共停车位，以满足未来发展需求。

2. 乡村道路竖向规划

乡村道路标高宜低于两侧建筑场地标高。路基路面排水应充分利用地形和天然水系及现有的农田水利排灌系统。平原地区乡村道路宜依靠路侧边沟排水，山区乡村道路可利用道路纵坡自然排水。各种排水设施的尺寸和形式应根据实际情况选择确定。

村庄道路纵坡度应控制在 0.3% ~ 3.5%，山区特殊路段纵坡度大于 3.5% 时，宜采取相应的防滑措施。村庄与村庄相连道路纵坡应控制在 0.3% ~ 6%，山区道路不应超过 8%。

乡村道路横坡宜采用双面坡形式，宽度小于 3m 的窄路面可以采用单面坡。坡度应控制在 1% ~ 3%，纵坡度大时取低值，纵坡度小时取高值；干旱地区乡村取低值，多雨地区乡村取高值；严寒积雪地区乡村取低值。

（四）乡村道路景观与安全设施

1. 乡村道路景观

道路绿化布置考虑采用地方特色树种作为道路绿化行道树，乔、灌、草相结合，形成具有当地特色的道路景观，行道树按照距路面 1m 种植，树坑规格 800mm × 800mm，间隔在 5m 左右一棵，个别地区局部地段可协调。

2. 乡村道路安全设施

在乡村道路规划中，应结合路面情况完善各类交通设施，包括交通标志、交通标线及安全防护设施等。

公路穿越村庄时，入口处应设置标志，道路两侧应设置宅路分离、挡墙、护栏等防护设施；当公路邻近并且未穿越乡村时，可在乡村入口处设置限载、限高标志和限高设施，限制大型机动车通行。

农村道路路侧有临水临崖、高边坡、高挡墙等路段，应加设波形护栏或钢筋混凝土护栏等；急弯、陡坡及事故多发路段，加设警告、视线诱导标志和路面标线；视距不良的回头弯、急弯等危险路段，加设凸面反光镜；在长下坡危险路段和支路口，加设减速设施；在学校、医院等人群集散地路段，加设警告、禁令标志以及减速设施；对路基宽 3.5m 的受限路段，重点强化安保设施设置。

农村道路与公路相交时，应在公路设置减速让行、停车让行等交通标志。

农村道路建筑限界内严禁堆放杂物、垃圾，并应拆除各类违章建筑。

可在乡村主要道路上设置交通照明设施，为机动车、非机动车及行人出行提供便利。

（五）乡村道路与桥梁工程

路面结构层所选材料应满足强度、稳定性及耐久性的要求，并结合当地自然条件、地方材料及工程投资等情况。各种结构层厚度应根据道路使用功能、施工工艺、材料规格及强度形成原理等因素综合考虑确定。

沥青混凝土路面适用于主要道路和次要道路，水泥混凝土路面适用于各类乡村道路，无机结合料稳定路面适用于宅间道路，施工工艺流程及方法可按照现行相关标准规定进行，施工过程中应加强质量监督，保证工程质量。

当过境公路桥梁穿越村庄时，在满足过境交通的前提下，应充分考虑混合交通特点，设置必要的机动车与非机动车隔离措施。

桥面坡度过大的机动车与非机动车混行的中小桥梁，桥面纵坡不宜大于 3%；非机动车流量很大时，桥面纵坡不应大于 2.5%。

现有窄桥加宽应采用与原桥梁相同或相近的结构形式和跨径，使结构受力均匀，并保证桥梁基础的抗冲刷能力。

河湖水网密集地区，桥下净空应符合通航标准，还应考虑排洪、流冰、漂流物及河床冲淤等情况。

五、电信工程建设

美丽乡村建设与城镇建设不同，通信工程建设一般只以电信需求为主,所以美丽乡村通信工程规划实为电信工程规划。

（一）电信需求量预测

首先,进行乡村电信现状及发展态势研究,然后根据乡村发展目标和乡村规模,并结合该地区人均指标,预测乡村近远期规划的电信需求量。

（二）电信设施与网络规划

在调查研究电信设施与网络现状的基础上,根据电信工程规划目标、美丽乡村规划布局,进行电信设施与电信网络规划。电信线路远期应该结合电力管线一起下地,近期可以根据乡村自身经济条件做出部分调整。

六、燃气工程规划

（一）燃气负荷预测与燃气气源规划

1. 燃气负荷预测

首先,通过燃气工程现状研究,结合乡村发展目标确定供气类型和对象,研究并确定供气标准。然后,根据燃气发展态势分析并结合该地区人均指标,进行乡村近期、远期的燃气负荷预测。一般乡村燃气供应以天然气、液化石油气和煤气为主,其中天然气供应是当下美丽乡村燃气供应的主流。

2. 燃气气源规划

在进行燃气气源规划前,必须进行乡村现状气源与燃气网络研究(只针对有现状供气的农村),并结合研究成果,依据乡村燃气系统规划目标、区域燃气发展规划和美丽乡村规划布局,进行乡村液化石油气气化站和天然气加压站等燃气气源设施的规划布局。

乡村天然气加压站等设施可能涉及区域燃气发展布局,因此,这些设施的规模、布局确定之后,应及时反馈给区域燃气主管部门,以便完善、修正区域燃气发展规划。同时,考虑乡村燃气气源设施自身安全要求、对周围地域安全的影响及其合理的服务范围等因素,在初步确定这些设施的布局后,应及时反馈给美丽乡村规划单位。

（二）燃气网络与储配设施规划

根据乡村燃气气源、美丽乡村规划布局以及乡村现状气源与供气网络状况,进行乡村燃气网络与储配设施的规划,一般燃气管线均为沿现有或者新建的道路地下敷设,并与相近的其他管道和建筑物留有一定的间距,具体设计应符合《城镇燃气设计规范》(GB 50028-2006)中相关规定。

七、乡村防洪规划

靠近江、河、湖泊的乡村和城镇,生产和生活常受水位上涨、洪水暴发的威胁和影响,因此在规划设计美丽乡村和居民点选址时,应把乡村防洪作为一项规划内容。

(一)雨水排水计算

雨水(包括雪水、冰雹)指地面上流的雨水和冰雪融化水,一般比较清洁,但初期雨水径流却比较脏,尤其是流经有污染物的工厂地面含有更多的有害物质。其特点是时间集中,水量集中,如不及时排出,轻者会影响交通,重者会造成水灾。平时冲洗街道用水所产生的污水和火灾时的消防用水,其性质与雨水相似,所以可视为雨水之列。通常雨、雪水不需要进行处理,但当水中泥沙或漂浮物较多时,可设预沉、拦沙或拦污装置,处理后可以直接排入附近水体。

村镇雨水排水量计算根据降雨强度、汇水面积、径流系数计算,常用的经验公式为:

$$Q=\varphi Fq$$

式中

Q——雨水设计流量(L/S);

F——汇水面积,按管段的实际汇水面积计算(m²);

Q——设计降雨强度[(L/S)/hm²];

φ——径流系数。

降水强度 q 指单位时间内的降水量。设计降水强度和设计重现期、设计降水历时有关。设计降水强度设计重现期为若干年出现一次最大降水的期限。设计重现期长则设计降水强度就大;重现期短则设计降水强度小。正确选择重现期是雨水管道设计中的一个重要问题。设计重现期一般应根据地区的性质(如广场、干道、工厂、居住区等)、地形特点、汇水面积大小、降水强度公式和地面短期积水所引起的损失大小等因素来考虑。通常低洼地区采用的设计重现期的数值比高地大;工厂区采用的设计重现期 P 值就比居住区采用的大;雨水干管采用的设计重现期比雨水支管所采用的要大;市区采用的重现期比郊区采用的大。重现期的选用范围为 0.33 ~ 2.0 年。通常重现期如表3-5所示。设计降水强度按《镇规划标准》（GB 50188—2007）的规定根据邻近城市的标准计算。

表 3-5 设计重现期（年）①

L/ (s·hm²) 地区性质 汇水面积（hm²）	100 以下			101 ~ 150			151 ~ 200		
	居住区		工厂广场干道	居住区		工厂广场干道	居住区		工厂广场干道
	平坦地形	沿溪各线		平坦地形	沿溪各线		平坦地形	沿溪各线	
20 及 20 以下	0.33	0.33	0.5	0.33	0.33	0.5	0.33	1	
21 ~ 50	0.33	0.33	0.5	0.33	0.5	1	1	2	
51 ~ 100	0.33	0.5	1	0.5	1	2	2	2 ~	

设计降水强度还和降雨历时有关。降雨历时为排水管道中达到排水最大降雨持续的时间。雨水降落到地面以后要经过一段距离汇入集水口，需消耗一定的时间，同时经过一段管道后，也消耗一定的时间，所以设计降雨历时应包括汇水面积内的积水时间和渠内流行时间组成，其计算公式如下：

$$t_1 = t + mt_2$$

式中

t——设计降水历时；

t_1——地面集水时间（min），视距离长短、地形坡度和地表覆盖情况而定，一般采用 5 ~ 15min；

m——延缓系数，管道 $m=2$，明渠 $m=1.2$；

t_2——管渠内水的流行时间。

根据设计重现期、设计降水历时，再根据各地多年积累的气象资料，可以得出各地计算设计降水强度的经验公式，各村镇因气象资料不足时，常可按邻近城市的标准进行计算。

（二）乡村防洪工程规划内容

乡村防洪工程规划主要有如下内容。

1. 修筑防洪堤岸

根据拟定的防洪标准，应在常年洪水位以下的乡村用地范围的外围修筑防洪堤。防洪堤的标准断面，视乡村的具体情况而定。土堤占地较

① 注：①平坦地形系指地面坡度小于 0.003。当坡度大于 0.003 时，设计重现期可以提高一级选用。②在丘陵地区、盆地、主要干道和短期积水能引起严重损失的地区（如重要工厂区、主要仓库等），根据实际情况，可适当提高设计重现期。

多，混凝土堤占地少，但工程费用较高。堤岸在迎河一面应加石块铺砌防浪护堤，背面可植草保护。在堤顶上加修防特大洪水的小堤。在通向江河的支流或沿支流修筑防洪堤或设防洪闸门，在汛期时用水泵排除堤内侧积水，排涝泵进水口应在堤内侧最低处。

由于洪水与内涝往往是同时出现，所以在筑堤的同时，还要解决排涝问题。支流也要建防洪设施。排水系统的出口如低于洪水水位时，应设防倒灌闸门，同时也要设排水泵站；也可以利用一些低洼地、池塘蓄水，降低内涝水位以减少用水泵的排水量。

2. 整治湖塘洼地

乡村中的湖塘洼地对洪水的调节作用非常重要，所以应结合乡村总体规划，对一些湖塘洼地加以保留和利用。有些零星的湖塘洼地，可以结合排水规划加以连通，如能与河道连通，则蓄水的作用将更为加强。

3. 加固河岸

有的乡村用地高出常年洪水水位，一般不修筑防洪大堤，但应对河岸整治加固，防止被冲刷崩塌，以致影响沿河的乡村用地及建筑。河岸可以做成垂直、一级斜坡、二级斜坡，根据工程量大小作比较方案。

4. 修建截流沟和蓄洪水库

如果乡村用地靠近山坡，那么为了避免山洪泄入村中，增加乡村排水的负担，或淹没乡村中的局部地区，可以在乡村用地较高的一侧，顺应地势修建截洪沟，将上游的洪水引入其他河流，或在乡村用地下游方向排入乡村邻近的江河中。

5. 综合解决乡村防洪

应当与所在地区的河流的流域规划结合起来，与乡村用地的农田水利规划结合起来，统一解决。农田排水沟渠可以分散排放降水，从而减少洪水对乡村的威胁。大面积造林既有利于自然环境的保护，也能起到水土保持作用，防洪规划也应与航道规划相结合。

第二节　家庭农场的规划设计

一、家庭农场规划遵循的基本原则

（一）提高农业效益原则

家庭农场是实施土地由低效种植向高度集成和综合利用，以适应城市发展、市场需求、多元投资并追求效益最大化的有效途径。因此，规划布局应充分考虑家庭农场的经营效益，实现农场开发的产业化、生态化和高效化，达到显著提高农业生产效益、增加经营者收入的目的。

（二）充分利用现有资源原则

一是充分利用现有房屋、道路和水渠等基础设施。根据农场地形地貌和原有道路水系实际情况，本着因地制宜、节省投资的原则，以现有的场内道路、生产布局和水利设施为规划基础，根据家庭农场体系构架、现代农业生产经营的客观需求，科学规划农场路网、水利和绿化系统，并进行合理的项目与功能分区。各项目与功能分区之间既相对独立，又互有联系。农场一般可以划分为生产区、示范区、管理服务区、休闲配套区。二是充分利用现有的自然景观。尽量不破坏家庭农场域内及周围已有的自然园景，如农田、山丘、河流、湖泊、植被、林木等原有现状，谨慎地选择和设计，充分保留自然风景。

（三）优化资源配置原则

优化配置道路交通、水利设施、生产设施、环境绿化及建筑造型、服务设施等硬件；科学合理利用优良品种、高新技术，构建合理的时空利用模式，充分发挥农业生产潜力；合理布局与分区，便于机械化作业，并配备适当的农业机械设备与人员，充分发挥农机的功能与作业效率。此外，为方便建设，节省投资，建筑物和设施应尽量相对集中和靠近分布，以便在交通组织、水电配套和管线安排等方面统筹兼顾。

（四）充分挖掘优势资源原则

认真分析家庭农场的区位优势、交通优势、资源优势、特色产品优势，以及农场所在地光、温度、水、土等方面的农业资源状况，并以此为基础，合理安排家庭农场的农作物种植、畜禽养殖特色品种、规模以及种养搭配模式,以充分利用农业资源和挖掘优势资源;在景观规划上,充分利用无机的、有机的、文化的各视觉事物布局合理,分布适宜,均衡与和谐,尤其在展示现代化设施农业景观方面以达到最佳效果,充分挖掘农场现有自然景观资源。

（五）因地制宜原则

尽可能地利用原有的农业资源及自然地形,有效地划分和组织全场的作业空间,确定农场的功能分区,特别是原有的基础设施包括山塘、水库、沟渠等,尽可能保持、维护,以节省基础性投资;要尊重自然规律,坚持生态优先原则,保护农业生物多样性,减少对自然生态环境的干扰和破坏。同时,通过种植模式构建、作物时空搭配来充分展示农场自然景观特色。

（六）可持续性原则

以可持续发展理论为指导,要实现这一规划目标,必须以可持续性原则为基础,适度、合理、科学地开发农业资源,合理地划分功能区,协调人与自然多方面的关系,保护区域的生命力和多样性,走可持续发展之路。

二、家庭农场规划方法

（一）因地制宜

农场规划地块本身及周边的地形地貌、乡土植被、土壤特性、气候资源、水源条件、排灌设施、耕作制度、交通条件等具体情况,以制定场区规划。因此,因地制宜规划法则,要求在规划工作前期,深入了解农场地块及周边的自然地理环境、农业现状和基础建设条件,获得重要的基础数据,以保证规划方案具有较强的操作性。

（二）因势利导

农场本身就是一个系统,根据系统工程原理,系统功能由其内在的结构来决定,而系统能否发展壮大,由其内在结构因素和外部因素共同决定。外部因素通常包括经济周期、科技发展趋势、政府宏观政策、行业发展状况等。因势利导法则要求在规划时,综合分析社会进步、经济发展、科技创新、市场变化的大趋势,国内外相关行业的总趋势,研究政府的意志和百姓的意愿,对农场进行战略设计和目标定位。在此基础上,对农场进行功能设计和项目规划。保证农场发展在一定时期内具有先进性和前瞻性。

（三）因人成事

农场主体属地化特征和区域优势农产品影响较大,要求在组织管理体系和运营机制的设计中,要把科学管理的一般原理和地方行政、地方文化相结合。应用因人成事规划法则,要求在规划过程中要研究规划实施主体及其内外关系、相互关系,通过反复征求项目实施主体对规划方案的意见,甚至可以把规划实施的主要关系人纳入规划团队中,使规划方案变成他们自己的决策选择。

（四）因难见巧

主要强调规划成果要解决项目的发展难题提出一个可行方案。要求农场规划者要有更高的视野来设计农场的目标和功能,在规划过程中自觉运用系统工程的思想和方法,积极思考,勇于创新,通过反复调查、研究、策划、征询、论证、提高,锤炼出既有前瞻性又有可操作性的农场建设和运营方案。

（五）因事制宜

主要针对农场定位、场内项目的规划、功能分区以及景观设计等而言。根据农场所在区域特征、资源优势以及业主的要求确定农场的主题,如果是休闲农场,也应有其鲜明的主题和特色;如果是单一种植农场、养殖农场,也应有其主要品种与规模;如果是综合性农场,是生产性的还是科技展示抑或多功能复合性的,必须考虑各个功能分区布局以及其适宜的组配模式。因此,在确定农场主题的前提下,应该根据场内实际条件,科学合理规划场内分区、功能项目、景观营造等,确保农场的规划符合业主要求,科学合理,同时操作性强。

三、家庭农场产业项目规划

家庭农场规划中的产业项目设计时,既要考虑满足当地开发条件,又能提升农场经济效益,比如:农作物种植、经济作物种植、花卉苗木种植、水产养殖等的场地条件和设施条件,规划时考虑农场产生技术的先进性,特别是机械化生产技术和现代设施农业生产技术的运用。

（一）规划要求

1. 经济效益

农场的项目选择关系到整个农场的技术水平和经济效益。经济效益是现代农场生存和发展的主要目标。因此,产业规划时应从实际出发,充分考虑当地资源、市场等方面的优势,抓住当地的农业特色和优势农产品,分析产品市场上的供求关系、价格幅度、风险因子等,弄清农场产品的占有额以及市场扩展能力,确定农场产业发展的方向和目标。

2. 主导产业

选择具有资源、市场、技术等潜在优势和广阔发展前景的产业作为农场的主导产业,通过进一步开发和挖掘,发展成为当地农村或区域经济发展的支柱产业,带动农场及当地的农业产业发展。如水稻产区的有机稻米生产,四川的无花果种植,青海的冬虫夏草,重庆的翠藕等。

3. 先进技术

农场的项目选择必须以先进的科学技术为支撑,这样农场不仅可以作为带动区域经济的增长点,而且可以成为高新技术产业培育与成长的源头,向社会各个领域辐射,体现农场的示范作用。

（二）产业规划内容

1. 功能定位

现代农场产业要根据农场规划的指导思想和发展目标,立足于当地社会经济的实际条件,因地制宜,突出重点,确定恰当的建设内容和技术路线,指导农场产业规划建设,使农场发挥其应有的作用和影响。

2. 主导产业

合理的主导产业可以有效带动农场产业发展的步伐,同时还可以辐射周边地区,促进农业经济的发展。因此,在规划农场主导产业时,首先要明确当地经济发展状况和农业产业发展趋势,结合国家和当地政府的农业政策及消费市场需求,认真分析主导产业的发展前景和发展空间。其次,应该慎重选择主导产业,通过定性分析和定量分析进行综合筛选,确定符合要求的产业作为农场的主导产业进行培育。种植业、畜牧业、水产养殖业和农产品加工业以及休闲农业等领域都有可能成为现代农场的主导产业。

3. 优势产业

优势产业立足于现实的经济效益和规模,注重目前的效益,强调资源合理配置及经济行为的运行状态。现代农场的优势产业规划应立足于当地农业基础产业的发展现状,在确定主导产业的基础上,选择主导产业内的优势农产品作为优势产业。比如,种植业中选择优质稻米生产、畜牧业中选择宁乡花猪、黄山鸡、临武鸭养殖等。在农场内为优势产业提供其发挥功能的空间,实现其产业价值。

4. 配套产业

配套产业是指围绕该农场主导产业,与农产品生产、经营、销售过程具有内在经济联系的相关产业。对于以农业生产为主导产业的农场来说,餐饮业、旅游业等第三产业即为该农场的配套产业。观光休闲农场则以观光、娱乐、休闲、养生、体验为主业,农业生产是配套产业。配套产业虽然不能作为农场的主业,但其为保障农场功能的顺利开展,促进农场的全面发展是不可或缺的。

（三）保障措施

（1）完善农场技术保障机制。依托科研院所,通过成果转让、项目咨询、技术培训等方式为农场的发展提供技术支持。

（2）制定和完善配套政策。为建设现代农场的投资企业、创业人员、高新产业等提供优惠的政策支持。

（3）加强农场社会化服务体系建设。加强农业信息网络建设,完善农产品供求和价格信息采集系统、农业环境和农产品质量信息系统等,为农场发展提供信息服务平台。

（4）建立多层次、多形式、多渠道的投资机制。形成政府财政投入为导向,信贷投入为依托,企业、农民投入为主体,社会资金和外资投入为补充的多元化农业投资格局。

第四章　乡村建筑规划布局

乡村建筑的规划是现代乡村建设过程中的重要方面,对于乡村建筑的规划而言,一般都需要遵循当地的地理位置、民俗习惯等。随着现代社会的发展,乡村建筑规划在布局上也有一定的调整,基于此,本章主要论述的是乡村建筑规划布局,可以分为三个方面,即民居建筑设施的规划、农业特色小镇规划、历史文化建筑保护规划。

第一节　民居建筑设施的规划

一、民居建筑的布局

（一）乡村民居建筑的基本特点

乡村内的民居住宅是农村建筑中非常重要的组成部分,建造量非常大,占用土地面积比较多。我国的村庄住宅所体现出的基本特点一般表现为以下两个方面。

1.生活、生产服务的双重性

中国的民居住宅建筑主要由住宅(包括堂屋、卧室、厨房)、辅助设施及其院落共同组成的。一般的院落之中通常会设有厕所、禽畜圈舍、沼气池以及种果树等。所以,住宅应该一方面充分满足农民的生活起居层面的需要,另一方面还应该充分满足开展家庭副业生产活动的基本要求。所以,它在院落组成和平面布置角度同样也具有明显的双重性特征。

2.地方性、民族性

我国幅员辽阔、民族众多,不同地区所出的自然环境、经济条件、地理位置、生活习惯等都存在极大的差异性,所以在住宅建筑平面、空间处理、建房材料、建造方法以及建筑风格等多个方面,都存在着各自的特征。如北方地区通常寒冷干燥,住宅大多需要考虑防寒保温和节省燃料的问题。南方地区则非常炎热、多雨,住宅多需要考虑充分通风与防潮的问题。西北的黄土高原一带高爽干燥,民居建筑通常都会因地制宜,搭建窑洞式与的民居等,这些都可以充分体现出民居建筑所拥有的地方性与民族特征。

（二）农村民居建筑的布置

民居建筑中占用的面积是较多的,居住区的用地通常会占村庄总用地的 50% 左右。所以,在布置村庄的民居建筑时,不仅要做到整齐美观、节约用地,同时也需要方便农民生活;不仅需要充分考虑到气候、日照、通风要求与自然地形条件等因素,还需要充分考虑到原有的街道和民居建筑与生活福利设施共同组成的建筑群体关系。

通常为了让农民更为方便地生活、环境美化、方便管理,可以把一定数量的民居建筑与托儿所、幼儿园、敬老院、供销店、村委会等设施组合成建筑群体。不同的建筑群体间也可以运用道路或者绿化隔开。建筑物之间还应该留下防火间距。

乡村的民居建筑群在平面的布局上大致能分为下列几种形式。

1. 行列式

民居建筑物成行成列地机型排列的方式,能够保证民居建筑的大多数房间都获得非常好的朝向,也非常方便利于通风。尤其是在集镇位置,还有利于布局工程设施管线,节省了建筑用地。但是如果建筑量比较大的话,行列式布局的形式则非常容易产生建筑群体呆板、单调之感,从而就容易出现山墙沿街排列等典型的建筑布局缺陷。所以,在布局的时候可以适当地把村庄的公共建筑、绿地穿插布置于民居建筑群体中,或者改变道路和建筑物间的平原有面关系,让街景有一定的变化。

2. 周边加行列（混合）式

这种布局的方式属于一部分住宅建筑长边沿街的位置,而大多数建筑物则采取的是行列式布局方法。这种布置能够让街景出现一定的变化,但是非常容易造成一部分东西向的民居建筑居室朝向较差,所以,布局的时候需要特别注意。

3. 自由式

这种建筑的布局方式通常都是结合自然的地形,或者利用道路、江河所造成的用地平面形状出现变化,在满足了日照与通风等多种条件之下,依山顺势,非常自由地布置建筑物。通常用地都非常经济,街景出现变化,布局非常活泼,如在山区与丘陵地区,随地形变化街道也会出现变化,房屋可布置成折线形等。

二、民居建筑的设计

(一)民居建筑的设计基本原则

建筑设计的基本原则通常都要保持其"适用、经济,在可能的条件下注意美观"原则,这一原则对于村庄民居的设计也是适用的。

1.“适用”原则

主要是为了方便农民生活,有利于农副业的生产,适合现代中国的各个不同地区、不同的民族生活习惯要求,也适合村庄的生态利用与发展趋势,包括各种房间的面积大小、院落的各个组成部分相互联系,同时也包括采光、通风、防寒、隔热、卫生等基础民居设施能否满足生活、生产的需求等。

2.“经济”原则

就是要求住宅建设在能做到因地制宜、就地取材的基础上,还应该因材设计。要合理布置平面,充分利用室内外的空间,节约建筑所需要的基本材料,降低房屋的造价,充分节约土地使用面积,合理利用生态资源,采取节能的措施。

3.“美观”原则

在适用和经济的基础上,基于就地取材的前提,力求能够创造出具有典型地方特色的住宅形式。不能照搬城市发展的形式。力求做到整洁、大方,适当地注意建筑物的室内外装饰与粉刷,充分体现出中国广大农村的乡村风貌典型特色。

(二)民居建筑的基本设施设计

1.院落

在乡村民居中,设院落是中国典型的地方特色。通常会在院落中饲养畜禽,堆放柴草,存放一些农具与设置乡村民居的辅助设施。院落往往进行家庭副业的场所,也是种树、种花、种菜的地方。

院落的面积大小通常都是依据各个地区的具体情况确定的,如土地的多少、房屋的层数、生活习惯和宅基地的面积等,需要综合考虑确定。

我国的村庄院落布置形式非常多,因为各地的自然地理条件、气候条件、生活习惯等存在很大的差异,所以,合理地选择院落形式通常都应该从当地的生活特点与习惯进行考虑。

（1）前院式

院落的布置位于住房的南向,就是先进到院子之中才能进到住房里。其典型的优点就是避风向阳。适宜养殖家禽、家畜,缺点主要是环境卫生条件比较差。通常来看北方地区采用这种方式的较多。

（2）后院式

院落的布置位于住房的北向,就是先进到住房后进院子。其典型的优点就是住房的朝向比较好,院落非常隐蔽、阴凉,适宜炎热地区开展家庭副业生产,前后交通比较方便。缺点就是住房临街。通常来看,南方地区采用这种方式的较多。

2. 主要辅助设施的布局

村庄的住宅辅助设施通常使用的有厕所、洗澡间、杂屋(农具、杂物储藏用房等)、禽畜圈舍、沼气池(太阳能、风能)、门楼和围墙等。这些设施大多都是广大农民生活与家庭副业生产时所必需的,应该对其合理地进行布置,以便能进一步改善农民的居住和生活环境。辅助设施的布局通常都需要与各地的生活习惯、气候地理条件、节约用地原则等保持适应,对其进行综合考虑。

（1）厕所

我国广大农村各地区的生活习惯不一,住宅的厕所布局也就各不相同,如南方的习惯是使用马桶,北方则多使用茅坑,但是总的设置原则上都应该以有利于卫生、积肥与使用为主。按照当前的条件,农村通常仍然是以设茅池为主,但是应该加强对卫生的管理,并且还应该防止污染水源。集镇尽量使用水来冲厕所。

有条件的地方通常都能在村内外增建公共厕所与肥料库,集中对粪便进行处理。还应该对农民家中的户用厕所做出改建,把厕所、猪圈、沼气池的位置布局在院落的一角。

（2）禽畜圈舍

养猪、羊、鸡、鸭是农民主要的家庭副业。在南方炎热地区,一般禽舍、畜圈离居室远些,设在杂屋和柴棚内或院落一角。在北方地区,因天寒需建圈舍,可设猪槽、猪棚、鸡舍以及积肥坑等,但朝向要好,阳光要经常能照到。有沼气池的地方可考虑圈舍、厕所以及沼气池三者结合布置。

一般圈舍大小根据家畜品种和头数确定,但不应小于 $8 \, m^2$。

（3）沼气池（太阳能、风能）

大力推广使用沼气（太阳能、风能），为尽可能地解决中国广大农村的燃料问题，开辟出一条全新的节能途径，同时还进一步扩大了肥源，改善了农村的住宅和环境卫生。

院落设有沼气池时，尽可能与厕所、猪圈三者结合在一起布局和修建，要靠近厨房，选取土质好、地下水位比较低的地方。尽可能地利用地方材料进行建造，沼气池在容积上通常为 6 ~ 20 m^3。

院落中可以设一个风能杆，还需要注意当地的风向与布置位置。太阳能设施通常会布置在屋顶上，充分考虑日照时间与朝向。

第二节　农业特色小镇规划

农业类特色小镇的出现，是现代工业化与城镇化发展进程中出现的重要产物，随着现代农业生产和收入水平、地位在国民经济发展过程中不断被弱化，大量的青壮年劳动力选择到大中城市务工，乡村剩下的留守儿童和空巢老人日益增多，导致乡村、小城镇上的劳动力出现大量流失而缺乏，大量的资源被荒废下来。基于这种选择，发展休闲农业和特色小镇就成了这个时代的必然选择。

一、农业特色小镇建设的基本要求

（一）农业特色小镇建设的背景

我国是一个典型的农业大国，农业在中国的发展经历了长达数千年的积累，随着中国城镇化进程的不断推进，建设农业类的特色小镇条件也正在日益成熟。

第一，随着中国城镇化进程的加快，全国百万人口以上的大城市已经超过 100 个，未来这一数字还会持续增长，大中城市周边的农业乡镇，都具备了可以建设农业型特色小镇的基本区位条件。

第二，大中城市对于农业与农产品、农业科研、农业体验、农业科普教育等的需求非常旺盛。农业类的特色小镇能够通过发展现代化的农业，成为高端农产品重要的供给基地、菜篮子工程基地、农业科研创新的基地，也能被当作休闲农业、都市农业、设施农业的重要观光基地等。

第三，我国的大型城市普遍都面临着人口膨胀、交通拥挤、住房困难、环境污染、资源紧张等非常典型的"大城市病"，而空气相对比较清新、基础设施非常完善、环境优美、带有中国传统农耕色彩和良好居住品质的近郊农业特色小镇有可能成为中产阶级的第一居所或者第二居所。

第四，随着中国老龄化社会的加速来临，具有康养休闲功能与良好区位条件的农业特色小镇，同样也会成为中老年人养生养老以及家庭休闲的理想之选。

第五，中国的城乡交通通信条件得以极大地改善、私家车得以迅速普及，以及 SOHO 工作方式在更多的行业加速普及，也为中高级的人才回归乡村小镇创造了优越的条件。

（二）发展农业类特色小镇的意义

特色小镇是我国经济社会发展到一定阶段后出现的新事物，贯穿着创新、协调、绿色、开放、共享新发展理念在基层的探索和实践。加快农业类特色小镇的建设，非常有利于破解农村资源的发展瓶颈，聚集了农业高端发展要素，促进农村的创业创新，可以在很大程度上增加农业的有效投资，进一步促进农业的消费升级，带动城乡之间的统筹发展与农村生态环境的改善，提高农民的生活质量，形成农村新的经济增长点；对解决我国的"三农"问题，推动经济转型升级与发展动能转换，充分发挥出城镇化对于新农村建设的辐射带动作用，破解城乡之间的二元结构，极大地促进城乡一体化发展，具有非常重要的现实意义。

1. 农业供给侧改革的有力抓手

农业类特色小镇突出对农业领域的新兴业态培育以及传统农业进行再造，是推进农业供给侧结构性改革、培育发展新动能的生力军。加快特色小镇建设，既能增加有效供给，又能创造新的需求；既能带动工农业发展，又能带动旅游业等现代服务业发展；既能推动产业加快聚集，又能补齐新兴产业发展短板，打造引领产业转型升级的示范区。

2. 破解城乡二元结构的有效途径

城乡二元结构一直以来都是我国城乡关系中存在的十分复杂的难题，通过对农业类特色小镇进行打造，对于破解"城乡二元结构"也具有非常积极的意义。第一，农业生产能够发展成为社区居民与农民之间交流的重要连接点，这也是其他类型的特色小镇不具备的一个显著特点。对于农民而言，农业往往都是自己最为熟悉与擅长的领域，通过发展高端农业，能够很好地带动农民技艺的提高，增加农民的基本收入。其次，通过小镇的高品质社区打造，实现城市中产阶级改善居住生活品质的梦想，让农业类特色小镇逐渐发展成为城市居民的第二甚至第一居所,达到城市居民回流农村的直接目的。这些回归的城市阶层还能运用自己的经验、学识、专长、技艺、财富和文化修养参与到乡村的基本建设与治理之中,把城市文明与城市生活的方式带给乡村,重构乡村文化,自然而然地达到了城市反哺农村的目的。

3. 有助于传统农业转型升级

农业的根本出路在于现代化。发展农业类特色小镇,可以集聚资本、技术与产业创新,促进专业化分工、提高组织化程度、降低交易成本、优化资源配置、提高劳动生产率等。如以"互联网+农业"为驱动,正成为现代农业跨越式发展的新引擎,有助于发展智慧农业、精细农业、高效农业、绿色农业,提高农业质量效益和竞争力,实现由传统农业向现代农业转型,加快现代农业进程。

4. 有助于培养现代职业农民

没有现代职业农民,就没有农业的现代化与社会主义新农村。当前因为农村的人才持续"非农化",农村正在面临着农业专业人才短缺、农村劳动力走向老龄化的异常严峻形势。现代职业农民,主要是指把农业当作产业加以经营,并且还应该充分利用市场的机制与规则获取相应的报酬,以期能够实现利润的最大化。现代职业农民在当下不断地涌现,必定会极大地改变传统农业这种一家一户分散经营的小农模式,有利于进行机械化作业,降低生产的成本,快速提高劳动生产率,使农业的生产经营呈现典型的规模化、标准化、品牌化,代表的往往也是现代农业发展的主流方向。现代职业农民要比传统的农民更加注重研究农业生产与经营,更为凸显出自身的专业化,通过农业特色小镇平台的规划建设,可以更加高效地培养现代职业农民,加快农村人才的转型升级。

5. 有助于分享城市发展红利

对于特色小镇进行培育的政策初衷,就是要很好地贯彻中央城市工作会议的精神、推进新型城镇化的发展战略,更好地落实城市反哺农村的经济发展战略,同时也是推进精准扶贫重要的工作举措之一。通过农业类的特色小镇培育和规划打造,能够更为精准地促进现代政策红利尽快落地,使农村可以很好地分享城市发展的红利。

（三）农业类特色小镇的特征与原则

1. 农业类特色小镇的特征

在类型特征方面,农业类的特色小镇通常都具有如下特征：地域基于农村、组织面向农村、功能服务农村、农业产业聚集的平台、农产品加工和交易的平台、经济文化资源连接城乡的平台[①]。

在空间形态方面,农业类特色小镇和行政区划单元在建制镇与单纯产业功能方面存在很大的差别,在内容上,通过农产品加工业和休闲、旅游、文化、教育、科普、养生养老等一些产业的深度融合,辅助电子商务、农商直供、加工体验、中央厨房等一些全新的业态,通过强化农产品加工园区的基础设施与公共服务平台建设,吸引更多的农产品加工企业往园区集聚,以园区作为主要的依托,创建集标准化原料基地、集约化加工、便利化服务网络于一体的产业集群以及融合发展先导区,建设农产品加工特色小镇,进一步实现产村镇融合发展。[②]

在经营模式上,随着可追溯的"互联网+"功能和中国老龄化问题突出、亲子教育、休闲农业、市民下乡等已经发展成为社会普遍关注的热点问题,农产品个人定制营销、全生产过程的展示营销、特殊地理标识营销、种植环境的远距离视频体验式营销等,多种互联网的营销模式也在不断注入到现代农业类特色小镇中,基于"休闲农业+医学疗养"的园艺疗法园、农业田园特色小镇正在日益受到人们的关注,使其具备典型的生态休闲旅游、康养养老、农业体验等多样化功能。

2. 农业类特色小镇的建设原则

根据上述农业类特色小镇的特征,在农业类特色小镇规划建设过程中,应注重以下几个方面的原则。

（1）规划引领合理布局

坚持规划引领,遵循控制数量、提高质量、节约用地、体现出特色的基本原则,进一步推动小镇的快速发展和特色产业的发展相互结合、与服务"三农"结合在一起,打通一条承接城乡发展要素流动的基本渠道,打造出融合现代城市和农村发展的重要新型社区与综合性功能的服务平台。结合农业和其他产业的相互融合和流动业态需求,因地制宜地规划布局小镇的发展建设。

---

① 前瞻产业研究院：《农业特色小镇的六种类型及打造策略》,2017年9月27日.
② 《关于进一步促进农产品加工业发展的意见》（国办发[2016]93号）,2016年12月17日.

（2）促进产业融合发展

农业特色小镇发展的核心在于农业,需要统筹集聚农业各种业态发展基本要素,推动现代农业产业、特色农产品、农业科技园区和农业特色互联网等多个领域的快速建设有机融合,进一步促进农村的融合与发展,构建起来一个功能形态良性运转的产业生态圈,激发市场的新活力,培育发展新动能。

（3）积极助推精准扶贫

充分利用建设特色小镇政策的优势与精准扶贫的功能,紧紧围绕种植业结构调整、养殖业提质增效、农产品加工升级等重点任务,发挥出各个地区各个部门的优势,协同推进农业特色小镇的建设运营,充分带动贫困偏远地区农民快速脱贫致富。

（4）深化信息技术应用

把建设农业类特色小镇当作一种重要的信息进村入户的一个重要形式,充分利用现代互联网的理念与发展技术,加快物联网、云计算、大数据、移动互联网等相关信息技术在中国特色小镇的建设过程中应用,大力发展电子商务等多种新型流通的方式,有力地推动特色农业的快速发展。

（5）创新农村金融手段

金融属于经济发展的血液,如果没有现代农村的金融体制,就很难推动现代农业的快速、高质量发展,农业类的特色小镇规划建设一定要充分适应现代农村的实际情况、发展特点、农民的需求,持续深化农村的金融体制改革与创新;以大金融的发展理念创新小镇金融发展的组织形式,构建一个多层次的金融组织体系关系,尝试兴建风险可控的新型金融机构,积极地发展服务"三农"的农村资金互助合作社、农村合作金融公司等,大力建设和发展好村镇银行。

二、农业类特色小镇规划的思路与重点

（一）农业类特色小镇规划的总思路

农业类特色小镇的建设关键在于,基于当地农业产业的基本特色优势与不可复制的地理环境因素,如由于位置偏僻而留存下来的传统村落、执着而坚守的文化传承、情怀而留守下来的乡村艺人、好奇而寻求未知探险族等群体,营造出来一种区别于都市生活的原生态生活方式。依靠当地能够承载出古人"天人合一"的哲学思想,展现出典型的农业特色,吸引都市的白领们前去体验乡村的生活,进而推动当地的旅游业快速发展。

总体来看,农业类的特色小镇应该是以农耕文化作为精髓的,以农业的产业为其典型特色,以休闲农业与乡村旅游作为重要抓手,打造出一个壮美的现代田园、多彩文化演绎,创新产业示范、活力宜居的城乡农业旅游共同体。

农业类的特色小镇虽然在一定程度上反映出的是城市人的理想和追求,但是并非对城市生活的照搬照抄,关键就在于利用当地丰富的农业产业特色优势,营造出来的是一种和都市、从土地到餐桌再到床头都存在极大区别的原乡生活方式。原乡生活方式从空间角度来看,是一个系统圈层的架构,第一层主要是给农户业态,包括每一个农户提供餐饮、农产品以及民宿的方式;第二层主要是为以村落作为中心的原乡生活聚落;第三层则是一个更为广阔的、半小时车程范围之内的乡村度假复合结构。

（二）农业类特色小镇的规划重点

1.空间选址

农业类特色小镇在选址方面直接决定小镇的"特色"所在。通常来看,农业特色小镇一般都需要具有下列基本条件:第一是位于城市的周边地区。一线城市位置,建议车程应该在1个小时之内为宜;二、三线城市中,则建议车程应该在半小时内。二是农业相对比较发达的位置,有相对较充足的可流转土地发展形势。三是最好是具备非常好的生态环境,有可以挖掘出来的非常典型的自然资源、历史人文、特色产业等多种独特的自然条件(图4-1)。

图4-1　历史人文韵味浓厚的特色小镇

综合来看,农业类的特色小镇在选址方面需要考虑下列四个方面的要求:(1)市场区位,农业特色小镇在消费市场方面重点仍然需要有自己可以依托的母城,所以重点都是以一、二线城市的近郊区为主,充分满足消费市场近邻的选址原则。（2）交通区位,农业特色的小镇在产业的业态以及产品方面,都需要在短时间内就能够抵达消费市场,同时还应该确保小镇在农产品运输方面所用的时间是最短的。所以,交通层面是不应该太偏太远的。（3）经济区位,要求应该有满足现代农业生产需要的充足用地空间。（4）生态区位,农业特色小镇建设的目标市场,对生态环境所形成的敏感度比较高,小镇适合选择在存在大的生态优势与历史文化底蕴区域位置。

2. 业态体系

从产品的业态角度来看,农业类的特色小镇往往都应营造出一种乡村原乡生活的典型业态体系。按照一、二、三产业的相互融合发展宗旨,农业的业态体系最少应该包括农业的生物育种、技术研发,种植、养殖,精深加工、农产品销售和旅游开发等多个基本的环节。

具体到业态环节方面,则会包括农业观光、科普教育、产品展示、特色餐饮、商贸物流、健康运动、休闲度假等几个类似的环节。

农业"三产"之间的融合产业链如图4-2所示。

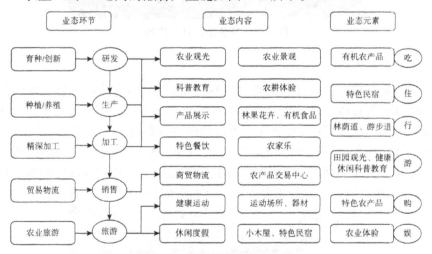

图4-2　农业三产融合产业链

业态产品领域,通常还包括耕种体验、农产品体验、民俗民风体验、风貌体验、住宿体验以及完善的公共服务配套设施等环节[①]。

---

① 耕种体验包括:种植、采摘;农产品体验包括:加工、购买、饮食;民俗民风包括:节庆、活动、演艺;风貌体验包括:建筑风貌、景观风貌、田园风貌;住宿体验包括:民宿、营地、田园度假酒店。

3. 社区建设

有一个一流的特色社区,往往都是特色小镇和一般的农业产业园进行区别的重要参考依据,农业特色小镇的居住社区首要目标就是要发展成为城市居民第一的居所。所以,想要建设一个适合社区居民和农民之间进行相互交流的空间,打造一个市民农园,已经成为社区居民与农民最好的交流空间与发展手段。在服务配套设施方面,要能从生活服务、健康服务以及快乐服务三个角度来构建社区服务体系。

图 4-3　特色小镇社区广场

4. 配套要求

农业类特色小镇尽管是地处乡村一带,但是因为消费市场主体仍然是城市的普通居民,所以,公共服务在配套要求方面应该不仅根据宜居城市标准组织建设,还需要兼顾服务周边的市场腹地。除了道路、供水、供电、通信、污水、垃圾处理、物流、宽带网络等多种基础设施建设之外,还应该充分重视社交空间、休闲娱乐空间、健身设施与文化教育设施的基本建设,并且还可以在教育与康养等多个方面形成独特的亮点(图 4-4)。

图 4-4　特色小镇的休闲空间——广场

5. 景观塑造

农业类的特色小镇在景观建设方面重点以满足居民的基本需求为主,兼顾游客的生活需要,所以,不一定是根据 A 级景区的标准建设的,更多的则还应该充分考虑其因地制宜与实用性特点。能够通过挖掘当地独特的历史人文特色,形成一个富有吸引力的地标性景观(图 4-5)。

图 4-5　特色小镇历史人文建筑

6. 体制机制创新

农业类特色小镇建设在选址方面不一定非要规划于在建制的镇上。所以,要在用地的指标、审批以及管理权限等多个方面寻求创新与突破。农业类的特色小镇不断开发,必定是要采用市场化运作的机制。政府只是负责政策的制定、规划支持、宏观指导以及引导,并且在一定程度上积极地争取金融机构的融资支持,具体运作方面仍然是要由市场化的企业主体进行的,鼓励企业大力投入资金并且组织好申报、审核、建设、运营等方面的工作。

第三节　历史文化村镇建筑保护规划

一、历史文化村镇的界定与保护内容

（一）历史文化村镇的界定

历史文化村镇一般是指"一些古迹比较集中或能较为完整体现出某

一历史时期的传统风貌和民族地方特色的街区、建筑群、小镇、村寨等"。历史文化建筑一般是指,在历史村镇中建设用于居住、生活、交流等功能的建筑形式。对于历史文化村镇我们需要基于其历史、科学、艺术价值,核定公布为当地的各级"历史文化保护区",予以保护,保护历史文化村镇,首先就是要保护历史文化建筑。

历史文化村镇中通常都包含已经批准公布的省级历史文化名镇以及具有历史街区、历史建筑群、建筑遗产、民族文化、民俗风情特色的历史文化保护区的传统古镇(村),其范围通常还包括县城以下的历史文化古镇、古村和民族村寨等。

（二）历史文化村镇的保护内容

（1）整体的风貌格局。通常也包括整体的景观、村镇布局、街区以及传统建筑的风格。

（2）历史街区(地段)。集中表现出了古镇的历史与文化发展传统,保存比较完整的空间发展历史形态。

（3）街道和空间的节点。最可以充分体现出历史文化传统的特征与空间环境、传统古街巷、广场、滨水地带、山村梯道以及空间节点中的一些重要景物,如牌坊、古桥、戏台等。

（4）文物古迹、建筑遗产、古典园林。各历史发展时期古镇所遗留下来的一直到现在仍然保存非常完好的历史遗迹精华。

（5）民居建筑群的风貌。是传统古镇的主体组成部分,最富有生活气息以及能够体现出民风民俗的组成部分。

二、历史文化村镇建筑的类型

（一）传统建筑风貌类

完整地保留下来某一个历史时期长期积淀的建筑群体的古镇,具有非常完整的整体传统建筑环境以及建筑遗产,在物质形态方面还让人能感受到非常强烈的历史氛围。并且还折射出了某一个时代的政治、文化、经济、军事等多个方面的历史结构。其在格局、街道、建筑等方面都真实地保存了某个时代的风貌或者精湛的建造技艺,是这个时代地域建筑的传统风格典型代表(图4-6)。

图 4-6　乡村传统建筑技艺

（二）自然环境景观类建筑

自然环境对于村镇的一些布局与建筑的特色都起到了非常关键的作用，这是因为山水环境对于建筑的布局与风格格局的影响而显示出一种独特的个性，并且还反映出了十分丰富的人文景观以及强烈的民风民俗的文化色彩（图 4-7）。

图 4-7　乡村自然景观类建筑

（三）民族及地方特色类建筑

由于各个地方都存在极大的差异、历史变迁所显示出来的地方特色或者民族个性，都集中反映在某一个区域（图 4-8）。

图 4-8　傣族人地方建筑特色

（四）文化及史迹类建筑

在一定的历史时期中，通常以文化教育而著称，对于推动全国或者某一个地区的社会发展起到十分重要的作用，或者其代表性的民俗文化建筑对社会也形成了比较大和比较久的影响，或者是能充分反映出历史的某一个事件或者某个历史阶段的重要个人、组织的住所，建筑是其鲜明的特色（图 4-9）。

图 4-9　延安窑洞建筑

（五）特殊职能类建筑

在一定历史文化发展时期内，某种职能占据了非常突出的历史地位，为当时的某个区域范围内的商贸中心、物流集散中心、交通枢纽、军事防御重地等建筑类型（图 4-10）。

图 4-10　水上集市贸易建筑

三、历史文化村镇建筑保护规划

（一）历史古镇建筑

古镇通常都是传统民俗文化集中的体现地,大多数的古镇仅仅是在行政建制镇的一个街区或者社区之中,古镇旅游从根本上来看,仍然属于乡村旅游的一部分,是乡村旅游者传统的文化归宿地。截至当前,仅仅四川省一个地区保存较好的古镇就有 100 余个,其中国家级的历史文化名镇多达 24 个,省级的历史文化名镇有 53 个。虽然数量较少,但是四川古镇的旅游仍然是炙手可热的,成都周围的几个历史文化名镇,年游客量平均达到 500 万人次。四川古镇作为一种重要的旅游目标吸引物,表现出来以下几点特征。

1. 自然风貌的优美性

四川古镇的选址非常讲究,和自然环境融为一体。例如雅安的上里古镇(图 4-11),山环水绕,形成了典型的"二水夹明镜,双桥落彩虹"自然景观,镇内的古树参天,溪水潺潺,并且还通过风水林、风水塘的点缀运用,营造出了具有典型风水意趣的经典人居环境。

2. 古镇建筑的审美性

在四川,古镇的会馆、寺庙、传统民居等多种多样的建筑形态,古香古色,具有非常强的视觉冲击力。例如宜宾市的李庄古镇,规模非常宏大,是一个典型的古建筑群,充分体现出了明清时期的川南建筑典型特征,其中也有被建筑大师梁思成称赞为"李庄四绝"的明代建筑旋螺殿(图4-12)、清代建筑魁星阁,以及张家祠堂的百鹤窗、禹王宫的九龙碑,建筑的艺术之美真的令人叹为观止。

图 4-11　上里古镇

图 4-12　李庄古镇旋螺殿

3. 民俗文化的丰富性

在四川，古镇建筑集中体现出的是巴蜀文化、移民文化、农耕文化等多种典型地方文化的魅力。例如遂宁市的射洪县青堤古镇建筑（图4-13），是唐代时期圣僧目连的故里，这里的"目连戏"和目连文化融为一体，入选了国家非物质文化遗产名录；青堤古镇的铁水火龙表演惊、险、奇、美，堪称川中一绝。

（二）江南代表古镇建筑

1. 周庄古镇

周庄镇规划控制区范围为周庄镇钯水港以南地域，面积约为

1.30km²,其中已建成区面积约为 0.47km²。古镇区保护规划范围为东起银子浜,南至南湖,西到白蚬湖,北抵全功路,面积约为 0.24km²。古镇区重点地段整治规划范围为沿街沿河重点风貌地段,面积约 0.06km²。

图 4-13　射洪县青堤古镇建筑

古镇区保护详细规划以保护古镇风貌,整治历史环境,提高旅游质量,改善居住环境为目标,协调保护与更新改造、旅游开发与改善居民生活的关系。

保护古镇的宗旨:继承和保护祖国优秀的历史文化遗产,保护独具特色的反映明、清、民国初年浓郁江南水乡风情的风貌景观,使周庄古镇保护和旅游经济的可持续发展更加和谐,并使周庄古镇早日列入世界历史文化遗产(图 4-14)。

图 4-14　周庄古镇

对于周庄古镇的建筑而言,当地政府部门出台了一系列的规定,加强对建筑的保护,主要有以下几点:

（1）周庄古镇重点保护区内的危旧房修理、后建房立面改造、室内外装修、道路桥梁维修、环境整治均属管理范围。

（2）凡在古镇重点保护区、缓冲区及旅游配套控制区内申请建、修房的单位或个人，必须严格按照规定办理报批手续。旧房修理、后建房立面改造、室内外装修、开窗、开门等同样受《周庄古镇保护暂行办法》管理、制约。报批需出具原房屋产权证书、国有土地（集体土地）使用权证。不办理房屋所有权证的房产，不得进入市场，不准翻、扩建。

（3）古镇重点保护区内，沿河、沿街原则上不得翻建房屋，经质监部门鉴定，实属危房的，按《周庄古镇保护暂行办法》规定手续报批，经审核同意后，按《周庄古镇保护详细规划》及"四原原则"：原环境、原结构、原材料、原工艺进行修理，体现原真性。

（4）古镇重点保护区内的房屋修理指该区域内所有建筑的大、中、小修理，立面改造、沿街房的室内外装修、外观立面附着物的设置、外墙涂饰、粉刷、空调、遮阳及其他设备的安装，门窗、气窗开设，地面、踏步、阶沿、店板、店牌、灯光布置等的修理、更换、重设、交叉等涉及房屋上的一切活动。

2. 千灯古镇

《昆山市千灯古镇保护整治规划》对古镇保护的内容、范围、保护方式及开发时序进行了具体的规划，明确以石板街为主的历史街区0.034平方千米为核心保护区。

千灯镇的保护主要是对古镇明清传统建筑的抢救修缮。按照古镇保护整治规划，截至目前已先后实施了10项保护和修缮工程。整修恢复了顾炎武故居（图4-15）、顾坚纪念馆、余氏典当行、李宅千灯馆等一批传统建筑，修缮面积近10000m²。配合传统建筑修缮，恢复建设了秦望山、烽火台等历史遗迹，规划建设了占地30亩的园林式景点——顾园。围绕宗教文化展示，在尊重历史的前提下，重新调整了秦峰塔园区的总体布局，投入600多万元用于延福寺大雄宝殿、南山门、偏殿和僧舍的重建。为能切实做到"修旧如旧"，尽可能展现传统建筑的历史风貌，在修缮过程中，专门聘请古建筑专家进行设计论证，并选用有传统建筑维修经验的施工队伍承担修缮工作，采用原结构、原材料、原工艺，使传统建筑的真实性、完整性得到了切实保护。加大古镇风貌整治力度，为能较完整地恢复和再现千灯古镇历史风貌，体现出千灯以古以文见长的古镇特色。

图4-15　顾炎武故居

　　按照古镇保护和旅游开发规划,千灯古镇将着力构建以"一带四区"为主体的古镇旅游格局,"一带四区",即一条千灯浦水上游览观光带和古镇民俗区、水乡市肆区、千灯曲艺区、亭林文化区四大特色功能区(图4-16)。

图4-16　千灯古镇水上游览观光带

　　千灯古镇作为一座具有2500年历史的文化名镇,十分注重规划,经过有关专家的调研,2007年完成了"昆山市千灯古镇保护整治更新规划",将保护范围分为重点保护区、一般保护区和风貌过渡区。从2005年开始,他们先后拆除了古镇20世纪七八十年代的建筑,完善了顾炎武故居区,将其从6亩扩大到60亩,读书楼、住宅楼、顾园,恢复得颇具江南园林的特色,使其成了千灯一景,而其他的古建筑也开始进行修复开发。前店厅后宅的"典当行",顾坚纪念馆,金千灯艺术馆,少卿山良渚文化遗址,秦峰塔等,都已和游客见面。

第五章 乡村公共空间规划

乡村的公共空间,是乡村人们进行交流、互动、娱乐、休闲、学习等活动的重要场所,同时,在公共空间中人们也可以接受正规的医疗服务、为文化娱乐交流提供必备的条件。所以,乡村公共空间的规划是一个非常必要的部分,为此,本章主要论述的是乡村公共空间规划,主要包括三部分内容,即村镇医疗空间规划、文化娱乐空间规划、商业空间设施规划。

第一节 村镇医疗空间规划

一、村镇医院的分类与规模

根据中国农村的村镇现实情况,医疗机构可已根据村镇的人口规模做出相应的分类:中心集镇设中心卫生院;一般的集镇则设立乡镇卫生院;中心村需要设立村卫生站。

中心卫生院通常属于村镇三级医疗机制的加强机构。因为当前各个县的区域管辖范围比较大,自然村的居民点往往也都成散状分布,交通非常不便利,这样一来,县级的医院负担与解决全县的医疗需要层面的实际能力,就显得太过紧迫了。所以,在中心集镇的原有卫生院前提下,对其进行进一步加强,就变成了集镇中心卫生院的形式,以此进一步分担县级医院形成的职责与眼里,它除了负责本区内的医疗卫生之外,还可以接受本区的卫生院转过来的重症病人,并且进一步协助与指导下属的卫生院相关业务,可以起到县级医院助手的基本作用。它在规模上要小于县医院,但是要比一般的卫生院大一些,通常都会布置 50 ~ 100 张病床,门诊平均达到 200 ~ 400 人次 / 日,如表 5-1 所示。

图 5-1　村镇各类医疗空间的规模

序号	名称	病床数（张）	门诊人次数（人次/日）
1	中心卫生院	50～100	200—400
2	卫生院	20～50	100—250
3	卫生站	1～2张观察床	50左右

卫生站通常属于村镇三级医疗机制基层的机构。它往往都是承担本村卫生宣传、计划生育等基本工作内容的机构，将医疗卫生工作认真地落实到各个基层单位中去。卫生站在规模上比较小，平均每天的门诊人数大概在 50 人，附带设置 1～2 张用于观察的病床。村镇医院的用地指标和建筑面积的指标可以参考表 5-2 所示。

表 5-2　村镇医院的用地指标和建筑面积的指标

床位数（张）	用地面积（m^2/床）	建筑面积（m^2）
100	150～180	1800～2300
80	180～200	1400～1800
60	200～220	1000～1300
40	200～240	800～1000
20	280～300	400～600

村镇医院的各个部分使用面积和总体的使用面积可以参考表 5-3 所示。

表 5-3　村镇医院使用面积参考（m^2）

床位数（张）	30	50	80	100
门诊部分	139	156	223	258
入院处	26	50	48	54
病床部分	322	454	770	912
手术部	44	58	88	96
放射科	—	—	36	36
理疗科	—	—	12	12
化验室	14	18	24	30
药房	20	24	30	36
病理解剖室	12	12	16	16

床位数（张）	30	50	80	100
行政办公室	68	80	94	100
事务及杂用	20	30	50	58
营养厨房	24	32	54	70
洗衣房	22	34	42	50
使用面积总计	711	948	1487	1728

二、村镇医疗空间选址

村镇各类的医疗空间布点通常都是在村镇三级医疗卫生网统一的规划之下进行的,选址的时候需要注意下列几个方面的问题。

（1）要方便广大群众看病。因为村镇医院在服务半径方面都比较大,所以,村镇医院应该设立在交通比较方便,人口相对集中的村镇中,但是还需要避免靠近公路主干线,以便对交通与卫生造成影响。

（2）要方便做好疾病防治与环境卫生的保护工作。不但应该充分满足医院自身的环境需求,还应该更好地防止出现医院污染环境等问题。所以,新建医院通常都会布置于村镇边缘的地方,和居住点不仅方便联系,而且还应该有较为适当的距离。同时还需要方便污水、脏物的处理。

（3）用地要求做到地势高爽,阳光充足,空气洁净,环境安静、优美。应该在牧场与畜牧区上风的位置,并且还需要有特定的防护距离与绿化带,同时,还需要考虑到村镇医院未来的发展方向以及规模,并且需要留出发展的基本用地。

三、医疗空间建筑构成与总平面布局

（一）医院建筑构成

村镇医院的建筑通常都包括四个组成部分:

（1）医疗部分。主要包括门诊部、辅助医疗部、住院部等辅助性建筑。

（2）总务供应部分,主要包括了营养厨房、洗衣房、中草药制剂室等组成部分。

（3）行政管理用房。主要是各种办公室等空间布局。

（4）职工生活部分。规模大的应该设立职工的生活区。

（二）医疗空间总体布局原则

在医院总平面的布局过程中,需要依据功能关系进行合理安排医疗组成部分、总务供应和管理部分。具体的要求包括以下几点。

（1）医疗部分应该位于医院的用地中心位置,靠近主要的出入口位置,方便内外交通连接。建筑物的布置通常导购需要有一个比较好的朝向与自然通风条件,环境安静,并且还应该布局在厨房等一些烟尘染源上风方向位置。

（2）医疗区传染病的病房需要布局在其他的医疗建筑与职工生活区下风方向位置,并且还需要有比较适当的距离以及防护绿化带,但是还需要方便进行联系。传染病区不能靠近水面位置,以免出现污染面积扩大的情况出现。

（3）放射治疗空间的位置布局,需要方便门诊与住院病人使用,并且还要和周围的建筑物保持一定的防护距离。

（4）总务区要和医疗区之间方便联系,但是还不可以进行互不干扰。需要注意厨房与烟尘对其他的部分干扰。

（5）太平房一般应该设在医院隐蔽的位置,避免干扰其他的住院病人,一般都需要直接对外的出入口。

（6）职工生活区如果设立在医院用地的范围时,应该和医院各部分的用房都存在一定的分隔,不可以混杂到一起。

（7）交通路线组织合理,对外的联系需要直接,对内的联系也应该十分方便。出入口的位置一定要非常明显,通常都应设在主要出入口和次要出入口位置。主要出入口一般是供医疗、探访、总务人流来使用的。次要出入口则被当作职工生活的人流来使用。

（8）厕所主要是以集中设置为宜,对于传染患者应该另行设立专厕,方便进行消毒处理。

（三）总平面布局形式

1. 分散布局

这种布局在医疗与服务性用房方面基本上都是分幢进行建造的,其主要的优点就是功能分区比较合理、医院的各类建筑物之间的隔离非常好、有利于组织朝向与通风、方便结合地形与分期进行建造。其缺点主要是交通路线较长,各部分之间的联系不方便,增加了医护人员之间的往返路程;布置比较松散,占地的面积也比较大,管线相对较长。

2. 集中式布局

这种布局的方式通常就是将医疗空间中的各部分用房安排到一幢建筑物之内,其典型的优点就是内部之间的联系十分方便、设备集中、方便管理、有利于进行综合治疗、占地的面积也比较少、节约投资;其典型的缺点就是各部分间的干扰不可避免,但是在村镇卫生院中仍然被比较多地采用。

四、医疗建筑的分部规划

（一）门诊部规划要点

1. 门诊部组成

村镇卫生院的门诊部科室一般都包括下列几种房间。

（1）诊室。主要包括内科、外科、儿科、五官科、妇产科、中医科、计划生育科等多部门的建筑用空间。

（2）辅助治疗。主要包括的是注射科、化验科、药房、X 光室、手术室、病案室等多种辅助医疗空间。

（3）公共部分。主要包括的是挂号室、收费室、候诊室以及门厅等多种形式。

（4）行政办公室和有相关的生活辅助用建筑。

各个不同的科室面积确定,可以参考表 5-4 所示。

表 5-4 村镇医院门诊部科室面积参考（m²）

房间名称		病床数（张）				
门厅及候诊		70	60	50	35	28
挂号收费		20	13	13	8	
诊室分科与房间数	内科	26	13	13	13	13
	外科	13	13	13	13	13
	中医科	26	26	26	13	13
	妇产科	26	21	13	13	13
	儿科	13	13	13		
	五官科	13	13	13	13	
	计划生育科	13	13	13	13	13

续表

房间名称		病床数（张）				
门厅及候诊		70	60	50	35	28
挂号收费		20	13	13	8	
量	房间数	10	9	8	6	5
	使用面积小计	130	111	104	78	65
注射室		13	13	13	13	13
急诊室		13	13			
换药处		1 3	13			
使用面积总计		259	223	193	147	106

2. 门诊部规划要求

（1）门诊部的建筑层数大多是 1 ~ 2 层，当两层的时候，应该把患者的就诊不便科室或者就诊人次比较多的科室设于底层。如儿科、妇产科、急诊室等。

（2）应该合理地组织各个科室交通路线，防止出现人流拥挤情况，往返交叉。规模比较大的中心卫生院规划时，因为门诊量相对较大，有必要把门诊入口和住院入口分开进行设置。

（3）要有充足的候诊面积。候诊室和各科室之间以及辅助治疗区之间都应该保持一种比较密切的联系，路线尽可能要缩短。

3. 诊室的规划要点

诊室属于门诊部一项十分重要的组成部分，诊室的规划合理与否，都会直接影响到门诊部的使用功能和基本经济效益。诊室的形状、面积以及诊室的家具布置、医生的诊察活动等，都和候诊处置存在直接的关系。一般卫生院在诊室的使用方面都是习惯合用诊室。一科一室的两位医生往往都是合用的，或者是两科一室的几位医生进行合用。

当前的村镇卫生院诊室比较常用的轴线尺寸是：开间应该是 3.0m，3.3 m，3.6m，3.9m；进深为 3.0m，3.6m，4.2m，4.5 m，4.8m；层高为 3.0m，3.3 m，3.6m。比较常见的诊室平面布局如图 5-1 所示。

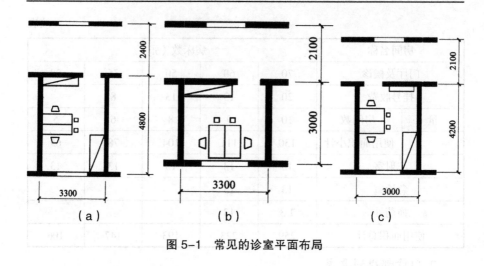

图 5-1　常见的诊室平面布局

（二）住院部设计要点

1. 住院部的组成

住院部由入院处、病房、卫生室、护士办公室以及生活辅助房间等组成。病房是住院部中最主要的组成部分。

2. 病房的规划要点

病房应该具有良好的朝向、充足的阳光、良好的通风与非常好的隔声效果。

病房的大小和尺寸，与每一间病房的床位数存在非常大的关系。当前村镇医院的病房大多使用的是四人一间与六人一间的分布形式。随着现代经济的快速发展与条件的不断改善，可以多采用三人一间甚至两人一间的病房。除此之外，为了能够进一步提高治疗的效果以及不让患者之间出现相互干扰，对于垂危的患者、特护患者也应该另外加设单人病房。

病房的床位数和一些比较常用的开间、进深尺寸可以参考表 5-5。

表 5-5　病房的床位数及常用开间、进深尺寸

病房规模	上限尺寸（m）	下限尺寸（m）
三人病房	3.3×60	3.3×5.1
六人病房	6.0×6.0	6.0×5.1

3. 病房内床位布置形式

患者床位最好的一种摆法就是平行于外墙。对于患者而言，既能够

避免太阳光的直射,又能观看室外的景观,可以舒展心情。假如床位是垂直于外墙面的,阳光在直射时往往能给患者带来不适的感觉。因此,相对科学的床位摆放就是和外墙保持平行,如图5-2所示的是病床的几种摆放方式。

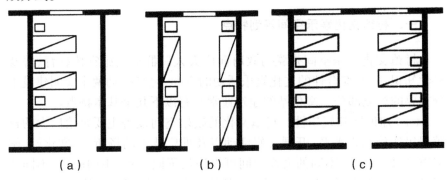

（a） （b） （c）

图5-2 几种病床摆放方式

卫生院建筑的平面形式,以走廊和房间的相对位置进行划分,主要有内廊式和外廊式平面两种形式;以建筑平面的形式来分,则可以分为一字形、L形、工字形等多样平面,如图5-3所示的是村镇中心卫生院规划方案。

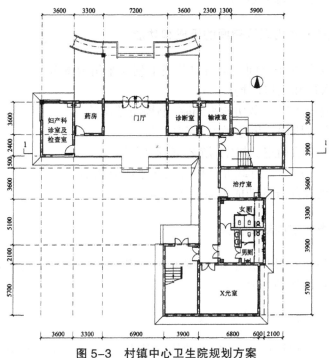

图5-3 村镇中心卫生院规划方案

第二节 文化娱乐空间规划

一、村镇文化娱乐空间规划特点

村镇文化娱乐空间是党与政府向广大人民群众实施宣传教育、普及科学知识、举办综合性的文化娱乐活动的空间，也是推动两个文明建设十分重要的组成部分。文化站的建筑通常都有以下几个基本特点。

（1）知识性和娱乐性。村镇文化的娱乐空间设备主要是给广大的村镇居民实施知识普及、开展文娱活动以及推广技术的场所，如文化站、图书馆、影剧院等。不同的文娱空间可以满足不同年龄、不同层次、不同爱好者的心理需求，例如：茶座交往、棋室、阅览室、教室、表演厅等。

（2）艺术性和地方性。文化站的建筑不但要求建筑的功能一定要布局得比较合理，同时还要求造型一定要非常活泼新颖、立面的处理也应该美观大方，具有鲜明的地方色彩。

（3）综合性和社会性。文化站活动往往都是极为丰富多彩的，并且也是向全社会全部开放的。

二、村镇文化娱乐空间的组成和功能

村镇文化娱乐空间通常可以分成下列几个组成部分。

（1）入口和入口广场。

（2）表演用房。多功能影剧院、书场与茶座等。

（3）学习用房。大小教室、阅览室等。

（4）各类活动室。棋室、游艺室、舞厅等。

（5）办公用房。行政办公用房及学术研究用房。

各个组成部分的功能关系如图5-4所示。

三、表演空间规划要点

影剧院通常是指是电影院、剧院的统称，属表演用房，这里着重叙述它的组成及设计的一般要点。

（一）影剧院的组成及规模

影剧院的建筑构成，依据其使用的基本功能不同，能够划分成以下几个组成部分。

（1）观众的用房部分。主要是布局在观众厅、休息厅或者休息廊等；

（2）舞台部分。主要布局在舞台、侧台以及化妆室等位置；

（3）放映部分。一般会布局在放影室、倒片室、配电室等场所；

（4）管理部分。通常都会用来管理办公室与宣传栏等。

附设于文化站建筑中的影剧院，其规模通常都较小，依据观众厅的可容纳观众多少，其使用的规模也能够划分成为500座、600座、800座、1000座等多个档次。

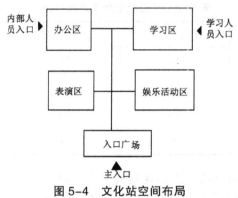

图5-4　文化站空间布局

（二）观众厅的规划

1. 观众厅规划的一般要求

观众厅的规划不但应该符合一般的放映电影和小型的文艺演出基本需求，还应该让观众可以看到和听清，具体的要求如下：

（1）视觉要求。要让观众厅中的每位观众可以看得到，观众厅就一定要设计在特定的坡度上，而且还应该让座位的排列符合特定的技术需要。

（2）音质要求。音质好坏通常都取决于观众厅平面的形式、容积及装饰材料声学性能。

（3）安全疏散要求。观众厅必须要有一定的出入口，以便可以保证在正常使用和发生事故时观众可以迅速撤出来。

（4）通风换气要求。为了保证大厅中获得新鲜空气，一定要有通风装置。

（5）电气照明要求。特别是在舞台电器照明方面，一定要符合特定的效果。

2. 观众厅设计参数与平面形状

村镇影剧院通常都具有观众厅,比较常见的是单层,标准相对比较低、造价非常低廉、受力也较为合理、构造十分简单、施工方便。

观众厅的大小可以根据平均每座 0.6 ~ 0.7 m^2 计算,体积可以根据平均每座 3.5 ~ 5 m^2 计算,观众厅的平面宽度和长度之比应该采用的是 1 : 1.5 ~ 1 : 1.8。

对于矩形的观众厅规划和尺寸参考表 5-6。

表 5-6　常见观众厅平面尺寸参考

规模类型（座）	宽度（m）	长度（m）	宽度比
500	15	24	1 : 1.6
600	15	27	1 : 1.8
800	18	30	1 : 1.67
1000	21	33	1 : 1.57

观众厅的平面形状一般会规划成矩形平面、梯形平面和钟形平面等,如图 5-5 所示。村镇大多会采用比较多的矩形平面,这种平面的形式体形非常简单、施工比较方便、声音的分布相对较为均匀,适合在一些中小型的影剧院中使用。

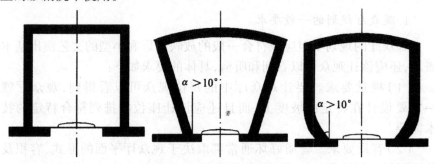

图 5-5　观众厅的平面形状

3. 观众厅的剖面形式

村镇的影剧院观众厅通常都不会设挑台楼座,因此吊顶棚不应设计得太高,以免出现浪费。严格地控制好每一个座位的建筑体积指标形式,以免出现混响时间太长而出现声音不清晰的情况。村镇的影剧院观众厅在顶棚上一般设计为 3.5 ~ 8m 为宜。吊顶的剖面也可以按照声线的反射原理进行规划设计,做成一种折线的形状或者曲线形状。同时为了进一步增强观众厅的声响效果,常常会在台口的附近做成带有反射斜面的吊顶,如图5-6所示。

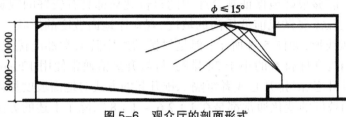

图5-6 观众厅的剖面形式

斜面顶棚和水平面的夹角 φ 宜小于或者等于15°,舞台上方为了装设一个吊杆与棚顶,通常都应该高于观众厅;但是还应该以放电影为主要用途进行规划,应该尽可能地降低舞台高度,以便能够降低工程造价。

4.舞台的设计

一般用的舞台形式均为箱形,由基本台、侧台、台唇、舞台上空设备及台仓所组成。舞台的有关尺寸如下:

(1)台口的高宽比可采用1:1.5,高度可采用5～8 m,宽度可采用8～12 m;

(2)台深一般为台口宽度的1.5倍,可采用8～12m;

(3)台宽一般为台口宽度的2倍,可采用10～16m;.

(4)台唇的宽度可采用1～2m。

舞台通常都分为双侧台和单侧台,如图5-7所示。

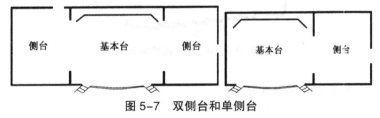

图5-7 双侧台和单侧台

5.观众厅疏散和出入口规划

按照防火规范要求,村镇影剧院的安全出入口的数目不能低于两个。当观众厅的容纳人数不超过2000人的时候,每一个安全出口的平均疏散数量也不应该超过250人。观众厅中的疏散走道所需的宽度,应按照共能够通过人数每100人不小于0.6m进行计算,但是最小的宽度则应该大于1 m,在对疏散走道进行布局的时候,横向的走道间座位排数通常都不应该超过20排。纵向的走道间座位数也应该每排不超过18个,而且还应该要求横向的走道正对疏散出口才是最好的布局方式。

6.观众厅的视觉规划

为了能够很好地保证观众厅中的每位观众都具有较好的视觉,观众厅地面往往需要做成前低后高的坡度,观众厅地面坡度的形状一般为阶梯形与弧线形,如图5-8所示;但是村镇的影剧院通常都应优先采用阶梯形。当观众厅排数的小于24排的时候,升高值通常使用120mm,可以采用逐排升起、隔排升起或者每隔二排升起的方式对地面坡度加以确定,这种地面坡度的变化通常都是在1∶2.6～1∶8.7,除了上述的方法之外,还可以采用图解法。

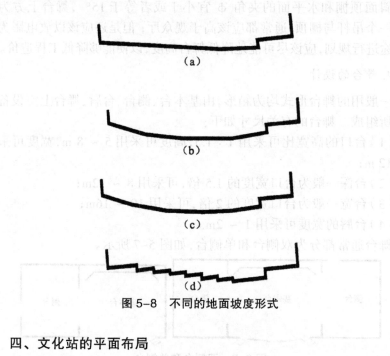

（a）

（b）

（c）

（d）

图5-8 不同的地面坡度形式

四、文化站的平面布局

文化站在布局方面通常都可以分成两种不同的布局方式。

（一）集中式布置

就是把表演用房、娱乐活动用房、学习用房等多布置为一幢的建筑中,如图5-9所示。这种布局功能非常紧凑,在北方也非常利于能源的节约,空间往往都富有变化,建筑的造型更是丰富多样,但是相互之间存在一定的干扰,特别是应该充分注意观众厅、舞厅对于其他用房产生的影响。

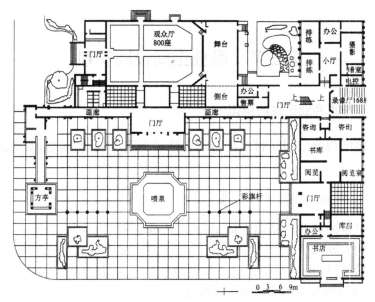

图 5-9 集中式文化站

（二）分散式布局

主要是把表演用房、舞厅等一些非常吵闹的部分独立进行设置,如图 5-10 所示。这种布局的方式可以很大程度上减少各部分间的相互影响,可以依据经济情况进行分期建设,但是联系和管理却存在很大不便。

图 5-10 分散式布局

第三节 商业空间设施规划

一、村镇商业建筑的类型

村镇的商业空间是村民进行商业活动的重要场所,通常可以分为以下三类。

(一)村镇供销社建筑空间

村镇供销社往往是向农民销售商品,再通过农村收购回来农民给国家交纳的农副产品,因此它属于供销、收购的综合形式。供销社的组成主要是供给生活、生产所用的商品与农副产品仓库,包括各类门市部、行政办公室、职工生活用房和车库、货场等。

供销社的门市部往往都会依据商品的品种不同分成下列几类形式:针织百货部、食杂果品部、五金交电部、文化用品部、生活煤炭部、肉食水产部等。农副产品收购部有一些设于有关部门之中,但是在条件许可的情况下,还可以单独设立收购站。

(二)集贸市场建筑空间

集贸市场通常都是近年来发展非常迅速的一种空间形式。它往往属于个体性质的,根据商品的品种不同大体上可以分成两大类:第一是农贸市场,农贸市场中的商品往往都属于农民的自产品,一般是一些蔬菜、水产、肉食、蛋禽等;第二是小商品市场,小商品市场除了从城里购销过来的商品之外,如服装、鞋帽等,还有数量较多的地方民间工艺品。集贸市场往往都是对村镇供销社的有机补充,由于它非常灵活、方便、营业时间比较长,所以深受居民的欢迎,具有非常广阔的发展前景。

(三)小型超市建筑空间

在一些乡镇或者连村地段、要道口,往往会开设一个小型的超市。超市的货物一定要齐全,通常还包括家居日常用品、烟酒副食等一些常见商品。

二、小商场规划设计

（一）小商场组成

小商场通常都是由入口广场、营业厅、库房以及行政办公用房等多个部分组成的,其功能关系一般如图 5-11 所示。

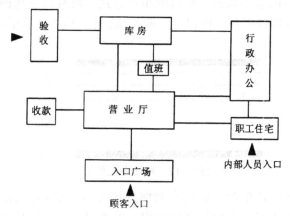

图 5-11　小商品超市功能关系

（二）小商场各部分规划要点

1. 营业厅设计

营业厅通常是商场主要的使用空间,设计的时候一定要合理对各种设施进行安排,并且还应该处理好空间,创造出一种良好的商业氛围。对销售量比较大、挑选性较弱的商品,如食品、日用小百货等,应该分别布局于营业厅底层并且靠近入口位置,以方便顾客进行购买;对挑选性强与比较贵重的商品应该设于人流比较较少的地方。体积大而重的商品应布置在底层。对有连带营业习惯的商品应相邻设置。营业厅与库房之间,要尽量缩短距离,以便管理。营业厅的交通流线要设计合理,避免人流过多拥挤,尤其是顾客流线不应与商品运输流线发生交叉。如果营业厅与其他用房如宿舍合建于一幢建筑,则营业厅与其他用房要采取一定的分隔措施,保证营业厅的安全。小商店一般不设置室内厕所,营业厅的地面装饰材料就选用耐磨、不易起尘、防滑、防潮及装饰性强的材料。营业厅应有良好的采光和通风。

营业厅不宜过于狭长,以免营业高峰期间中段滞留过多的顾客。营业厅的开间一般采用 3.6 ~ 4.2 m。如果楼上设办公室或宿舍,底层营业厅中设柱子,此时柱子的柱网尺寸既要符合结构受力的要求,又要有利于营业厅中柜台的布置。营业厅的层高一般为 3.6 ~ 4.2m 。

营业厅中柜台的布置是一个关键环节。营业员在柜台内的活动宽度,一般不小于 2 m,其中柜台宽度为 600mm,营业员走道为 800mm,货架或货柜宽度为 600mm;顾客的活动宽度一般不小于 3 m,这两个参数是营业厅柜台布置的基本数据。柜台的布置方式一般有以下几种情况:

（1）单面布置柜台。柜台靠一侧外墙,另一侧为顾客活动范围,如图 5-12 所示。

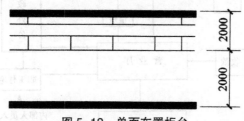

图 5-12　单面布置柜台

（2）双面布置柜台。柜台靠两侧外墙布置,顾客走道在中间。这种布置方式要考虑好采光窗与货柜的相互关系,如图 5-13 所示。

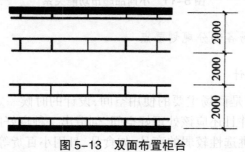

图 5-13　双面布置柜台

（3）中间或者岛式布置柜台。柜台布置于中间位置,可以非常好地利用室内的空间以及自然光线,柜台的布置也相对较为灵活,非常适合当前的村镇设计,如图 5-14 所示。

2. 橱窗的设计要点

橱窗一般都是商业建筑独特的标志,它也是供陈列商品所用的,数量应该适当。橱窗的大小一般都会根据商店的性质、规模、位置以及建筑构造等情况进行确定。因为安全的需要,橱窗玻璃往往设置不宜过大。

橱窗通常都有以下几种剖面形式:

（1）外凸式橱窗。就是橱窗的内墙和主体建筑的外纵墙重合。其典型优点就是橱窗不占室内的面积,但是其结构非常复杂,而且橱窗的顶部应该进行防水处理规划,如图 5-15 所示。

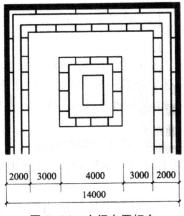

图 5-14　中间布置柜台

（2）内凹式橱窗:即橱窗完全设于室内。其优点是做法比较简单,但占据室内有效面积,如图 5-16 所示。

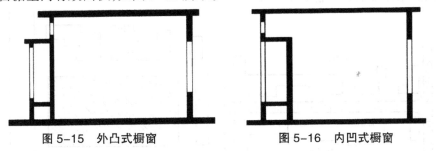

图 5-15　外凸式橱窗　　　　　图 5-16　内凹式橱窗

（3）半凸半凹窗式橱窗。即橱窗设于主体建筑的外墙中,且向室内外凸出,是村镇商业建筑采用的较多的一种橱窗,如图 5-17 所示。

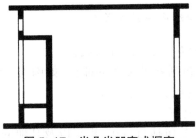

图 5-17　半凸半凹窗式橱窗

三、集贸市场规划要点

（一）选址原则与布局方式

农贸市场的选址应考虑以下几个原则：

（1）应选在一些交通比较便利的地段，以便于农民进行销售，对于有批发业务的一些大型农贸市场而言，还需要充分考虑到其农副产品在外运时的交通；

（2）地势应该平坦、高爽，排水则需要畅通；

（3）应该遵循节约用地的基本原则，尽可能地利用荒地和缓坡地段及集镇零星的地段；

（4）要和居民点之间保持一个比较适当的距离，以便尽量减少农贸市场带来的嘈杂对居住产生干扰，但是还需要方便居民的日常生活，不能隔得太远。对一些建于居民点中的小型农贸市场，需要采取必要的分隔措施来保证居住安静（图5-18）。

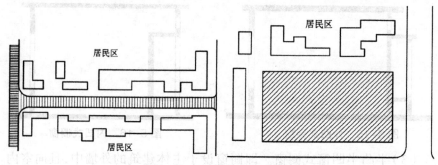

图 5-18　选址与居民区隔开

（二）农贸市场的组成与功能关系

农贸市场一般由以下几个部分组成：

（1）摊位。主要包括各种类型的摊位，如肉类、蛋禽类、水果类、蔬菜等，这是农贸市场最为重要的组成部分。

（2）市场管理办公室。

（3）入口广场。主要包括自行车、板车以及其他的交通工具停放场所。

（4）垃圾处理站。

各部分所具备的功能关系如图5-19所示。

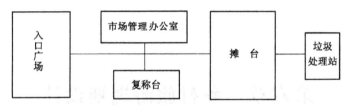

图 5-19　农贸市场各部分所具备的功能

四、小型超市规划

村镇小型超市常以出售食品和小百货为主,它是一种综合性的自选形式的商店。小型超市的商品布置和陈列要充分考虑到顾客能均等地环视到全部的商品。营业厅的入口要设在人流量大的一边,通常入口较宽,而出口相应窄一些。根据出入口的设置,设计顾客流动方向,以保持通道的畅通。图 5-20 所示为小型超市平面设计。

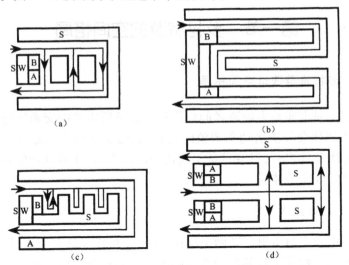

图 5-20　小型超市规划平面方案

小型超市的出入口必须分开,通道宽度一般应大于 1.5 m,出入口的服务范围在 500m² 以内。有条件的营业厅出口处设置自动收银机,每小时 500 ~ 600 人设一台:在入口处要放置篮筐及小推车供顾客使用,其数量一般为入店顾客数的 1/10 ~ 3/10。

第六章　乡村旅游规划设计

乡村旅游规划除了要遵循一定的规律和原则之外,还需要有其他的乡村旅游规划设计。众所周知,乡村旅游的布局主要是从微观层面考察乡村旅游的空间格局,本章主要论述的就是乡村旅游规划设计,包括三个方面的内容,即乡村旅游的空间格局、乡村旅游的产业组织模式、乡村旅游创新发展模式。

第一节　乡村旅游的空间格局

一、乡村旅游选址空间布局

旅游交通主要是为旅游者们提供旅行游览所需要的交通运输服务形成的一系列社会经济活动和现象的总称,旅游交通同样也是发展旅游业的一个先决条件之一,只有具备了发达的旅游交通,才可以让旅游者顺利而愉快地完成旅游体验。

(一)交通层次

乡村旅游交通主要包括两个层次,第一个层次是城乡交通,即从主要客源城市到乡村旅游目的地的交通路况及工具选择。因为乡村旅游通常是以自驾游为主的,因此距离与路况就成了项目选址的重点关注对象。通常来说,城市近郊与靠近高速公路的出口,是乡村旅游目的地优势最显著的地方。例如成都市的龙泉驿区洛带古镇与金堂县的五凤溪古镇,都属于典型的移民文化古镇。五凤溪古镇在龙泉山脉东面,属于沱江上的水码头,洛带古镇位于龙泉山脉的西面,是出入成都重要的商品集散地,旧时东出成都的陆路转水路需要翻越龙泉山,山上到现在依旧还保存了古商道"三道拐"。现在发展乡村旅游,洛带古镇则占据了非常明显的交通优势;尽管也通了高速,五凤溪古镇离高速准口出口仍然有20分钟的车程,因此,五凤溪古镇和洛带古镇(图6-1)在游客的数量上就存在明显的差异。

图6-1　五凤溪古镇（上）和洛带古镇（下）

（二）出行半径

出行半径也被称作旅游半径,主要是指以某一个客源地作为圆心,以人们可以出游的地区间的距离作为半径,可以形成的出行范围。李山等运用"空间阻尼"的概念,估算出大陆居民在国内的旅游半径平均是300公里。张素芬则以旅游半径为中间变量区分的二分旅游,指出其大半径持续性旅游与小半径季节性的旅游之间存在很大的差异。

出行半径因人而异没有绝对值,且交通线路不同距离也存在差异,但是,出行半径的测算对于乡村旅游选址仍然具有重要作用。例如大邑县的安仁古镇、彭州市的白鹿古镇都在打造音乐特色小镇,成都市区则是它们的主要客源地,这就需要测算出行半径来配套旅游项目。出行半径约60公里的安仁古镇(图6-2),提出"用音乐典藏记忆"的理念,通过对影音创作、音乐创作、音乐人才培训三大基地建设,完善配套,做强音乐产业。

图 6-2　安仁古镇

（三）旅游线路

旅游线路一般是指为了让旅游者可以在最短的时间内获得最大的观赏效果，由旅游经营部门充分利用交通线串联起来若干旅游点所形成的一个特色合理走向。乡村旅游项目的选址，通常都需要充分考虑怎样利用交通线把乡村的旅游点串联在一条旅游线路中去，尤其是景区依托型乡村旅游项目，靠近风景名胜区的旅游交通线路也特别重要。如四川省眉山市的洪雅县柳江古镇与槽渔滩镇，都是以水为媒的乡村旅游目的地，柳江古镇在去瓦屋山风景区的线路上，游客如织，乡村旅游蓬勃发展。槽渔滩则偏离了旅游线路，幽处玉屏山下，打造风景名胜区的努力并没有取得成功，转向乡村旅游，仍然也不令人满意（图 6-3）。

图 6-3　柳江古镇游人如织

二、乡村旅游空间环境布局

乡村旅游空间环境的营造,要善于从传统空间文化中汲取养分,学习和应用中国古代建筑的空间布局和营造法式,了解和重视乡村旅游者对环境的看法,在合乎环境计划或科学原则的基础上,寻求自然环境与空间人文的平衡。

（一）背山面水

所谓游山玩水,山水本身就是一个非常重要的旅游资源,即使是这样,乡村旅游对山水资源的利用依旧具有典型的选择性。例如邛崃市南宝山的木梯羌寨,属于"5·12"大地震之后异地重建的一个羌寨地址,原名是夕格羌寨,位于汶川县龙溪乡,虽然已经有近千年的发展历史,但是并非旅游村寨。夕格羌寨在重建选址过程中,充分考虑了旅游发展的基本因素,最后才选择于南宝乡木梯村进行重建,并且还更名成为木梯羌寨（图6-4）。2017年7月1日,南宝山风景区开始全面对外开放,高山彩林、峡谷瀑布等一些比较典型的自然风光展现在游客面前,木梯羌寨属于非常重要的人文景观。羌民依托于当地的特色民居来不断发展民宿、餐饮,并且还配套了民族手工艺品、特色农副产品等多种经营,生活有了极大改善,人均年收入过万元。在川西平原地区乡村旅游点同样讲究选址,以"水—田—林—宅"为一体的川西林盘为佳,以靠近河流、湖泊为佳,这也是前人智慧的结晶,是乡村旅游开发实践的基本经验。

图6-4　木梯羌寨

（二）步移景迁

中国传统美学，主要讲究的是步移景迁，也就是不同的视角可以欣赏到不同的景象。这一赏景原则应用于乡村旅游中也是同样有用的，并且还衍生出了"视角多向""步行无扰""阶不如坡"等设计法则。例如人们在走过了一片金黄的油菜花海之后，还算不上真正的乡村旅游，如果结合了山脉、湖泊等自然景观的话，设计观景线路和观景台，可以让人在不同视角都欣赏到不同的景观变叠，就能够形成乡村旅游的实质内容。乐山市的犍为县芭沟镇菜子坝油菜花海之所以非常有名，除了用于代步的"嘉阳小火车"之外，更为重要的一点就是"老鹰嘴"峭岩展翅欲扑、"仙人脚"的地形如踏、"亮水沱"气象环境中的小火车蒸汽如虹，天时地利以及景观的相互叠加，都使这里的油菜花海呈现出与众不同的状态（图6-5）。

图6-5　乐山市犍为县芭沟镇菜子坝油菜花海

（三）四时四方

中国传统意义上的时空观认为：空间是由天地四方围合而成的，它的秩序主要是以日月星辰、四时太岁为主要纲纪的，是所有神灵万物生存之所在。如四川的古城、古镇、古园林和合院民居，大多都充分体现了四时四方的审美旨趣。空间围合的乡村旅游布局，很明显就是受传统思想观念的影响，如果联系了门票经济，就会颇有争议。尽管封闭性门票经济是不可取的，乡村旅游空间上的围合还是非常有必要的，例如四川绵阳市的三台县石安镇德胜村的围合，就是通过山脉实现的，而川西林盘的围合则是通过树林和竹林实现的。乡村旅游选址布局还需突破另外一个瓶颈，即季节性。不管是土地种养，还是景观设计，都应该遵循四时的规律，强调四时的不同。

三、乡村旅游资源要素布局

乡村旅游选址的布局通常也需要充分运用生产布局相关的理论,遵循旅游地域的生产综合体发生、发展演变基本规律,尤其是要好好地把握住乡村旅游开发的基本特质性。

（一）以地聚人

古代的堪舆有相地书法,《汉书・晁错传》同样也有"相其阴阳之和,尝其水泉之味,审其土地之宜,观其草木之饶,然后营邑立城,制里割宅"的文字记载。乡村旅游选址也需要遵循"相地"的规律,这里并非是要探讨风水堪舆之术,而主要是强调因地制宜,结合地理产品和地方文化去发展乡村的旅游资源。以地聚人不但应该重视土地的产出,同样也需要重视地理空间的变化,在乡村旅游的选址与规划过程中,山石水体、田园人家都属于造景的素材,自然环境的选择与地理空间的充分利用,属于乡村旅游以地聚人的重要前提。

（二）以市利人

以市利人实际上就是通过乡村旅游市场化,满足乡村旅游广大消费者的市场需要,使社区的居民在乡村旅游经营过程中增收获益。一方面,需要坚持市场配置资源的基本原则,通过旅游市场活化乡村,创造出一个良好的市场环境;另一方面,需要坚持以人为本的基本原则,持续提高乡村旅游质量与服务水平,确保广大游客与社区居民的实际利益。通常来说,乡村旅游的市场具有深刻的自我调节性,对企业、技术与人才同样具有正向的驱动性,以市利人方能聚人,实现人地的和谐发展。

乡村旅游采取以市利人,还主要包括乡村的旅游业态进行调节,避免出现同质化与过度商业化的相关问题,这就关系了产业整体的分布。合理的产业空间布局与相关功能的布局,不但可以突出其个性,还可以实现以市利人的目的。

（三）以文化人

以文化人,重点强调的是文化对人形成影响。乡村文化通常也属于乡村旅游的本质属性,它能够有效地满足旅游者共同追求的文化体验与精神陶冶。其中,乡村的景观文化对于休闲的需要产生的影响最大,之后依次为乡村消费文化与乡村活动文化；在对旅游的体验需要产生的影响中，影响程度则是由强到弱依次给乡村活动文化、乡村景观文化与乡村消费文化。在实践的过程中，以文化人的过程中，通常以文化为主线贯穿到乡村的旅游始终，并且还通过了文化节点，充分展示出乡村旅游典型的魅力。在乡村旅游的整体布局之中，文化资源布局不但属于一个空间的概念，更多的则是一个富有创意的工程，也是优化升级后的重中之重，归根结底都是要留住乡愁留住人的。

第二节　乡村旅游的产业组织模式

一、乡村旅游产业组织模式类型

不同的组合能够形成不同的模式类型，乡村旅游组织模式并且不是越复杂越好的，需要结合乡村的旅游发展实际加以选择。

（一）"农户＋农户"模式

通过一些先富起来的农户示范，带动其他的农户进行乡村旅游经营，渐渐形成了"农户＋农户"的产业组织模式，基本无利益冲突或者文化差异，但是常常都会受到资金的限制，规模一般都是有限的。例如绵阳市安州区桑枣镇干柏村的泉水郦湾生态园，也是全国第二批农民返乡创业示范园。干柏村村民王言清返乡创业，筹集资金300万元打造了泉水郦湾生态园，通过"农户＋农户"的产业组织模式，邀请了多达50余个村民加入到乡村旅游经营中来，并且和发展养殖业的农户展开良性合作，形成了土鸡土鸭销售专供的链条。"农户＋农户"的乡村旅游模式主要的盈利点就在于餐饮和民宿两个方面，只有农户的参与更为广泛，打造的环境更为优美了，硬件设施同样也就上了一个档次。但是，"农户＋农户"的模式从开始时就缺乏了一种长远的规划，非常难突破单一的盈利模式。

（二）"乡村旅游合作社＋农户"模式

旅游合作社通常都属于本地居民自愿联合的，通过共同所有、民主管理、自我服务充分满足共同的经济与社会需求开展的互助经济组织。从运营的机制层面来看，比较符合乡村旅游经营户的基本盈利需要。例如彭州市小鱼洞镇大楠村的村民，创建起来的竹林乡村俱乐部，就是"乡村旅游合作社＋农户"模式的典型案例。竹林乡村俱乐部并非一个单纯的合作社名称,同时也属于经营的实体。当地的农户联合在一起,充分利用竹林来发展生态农家乐,而且还将湔江河滩的位置打造出了一个八卦花田,进而完成了融观光休闲、采摘体验、美食为一体的乡村旅游目的地。

"乡村旅游合作社＋农户"的乡村旅游产业组织模式,充分反映了农户在发展层面的需要,切实有效地保障了农户的自身利益。它的不足之处就在于非常看重既得利益,开拓创新的意识较低,所以也缺乏了发展的后劲。

（三）"公司＋农户"模式

采取的是公司化运营,合理吸纳当地的农民积极参与到乡村旅游经营管理之中来,充分利用当地农户的闲置资产、富余劳动力、丰富农事活动等,打造典型的旅游产品,给游客充分展示出一道真实的乡村文化。同时,公司对于农户的接待服务需要加以规范,进行统一的管理,定期进行检查,以便能够保证产品的质量与服务逐渐规范化。"公司＋农户"的产业模式,充分体现了现代市场、信息、营销、资金等多个方面所占据的优势,也充分表现出了原生态乡村民俗文化所具有的优势。如全国休闲农业和现存旅游示范点——自贡市沿滩区仙市镇百胜村慢餐文化园,占地面积多达 400 余亩,其中还包括生态湿地、滨水步道、花果绿地、民俗广场以及慢餐民俗酒店等多类型的基础设施,采取了"公司＋农户"的产业模式,对 145 户民居做出了合理的改造。在"公司＋农户"的发展模式中,企业资本的大量进入,给乡村旅游注入了鲜活的市场活力,其关键主要是怎样保障农户的基本利益,只有合作共赢,才可以健康发展。

（四）"公司＋旅行社"模式

公司投资打造一个封闭式的乡村旅游风景区,一方面可以通过市场营销的方式,大力开拓客源,另一方面还可以和旅行社开展积极的合作,形成一个公司运营的景区,形成与旅行社分销门票的基本合作模式。例如大邑县的安仁古镇齐埝村,建有普罗旺斯国际薰衣草庄园,该庄园是由成都普罗旺斯薰衣草生态农业开发有限公司进行打造的,占地面积多达1000 亩,总投资超过 1.5 亿元,主要是以薰衣草为基本目标吸引物,以现代农业的观光、特色餐饮、婚庆服务、会议拓展等多种配套乡村度假旅作为该庄园的典型特色。"公司＋旅行社"模式非常有利于集中打造现代乡村的旅游精品,并且还进一步加快了回收投资成本的速度。但是,乡村旅游者通常都认为,乡村旅游往往也是近郊开放式的旅游形式之一,封闭式的景区门票收入非常可观,但是其他的消费却明显地减少了,舍近求远的开拓新客源最终是难以为继的经营模式。

（五）"乡村旅游合作社＋公司＋农户"模式

乡村旅游合作社组织农户积极地参与进来，一户出来一个代表，类似于董事会的形式，对村内的所有旅游开发事件、任命考核、监督公司管理人员、审查财务状况等进行表决。这里所说的公司，主要是指村办企业，受集体的委托，具体对本村的旅游业务负责，包括对基础设施的建设、对外营销、接待并且分配相关的游客、监督服务质量等。农户作为一个比较具体的服务单元，接受了公司的安排接待游客，并且定期和公司进行结算。三者之间的职责分配明确，利益分配均衡，可以充分保障好农户的基本收益。

在"乡村旅游合作社＋公司＋农户"的经营模式中，乡村旅游的资源同样也都得到了相对比较合理的分配，即便是比较偏远的民宿通常也可以获得良好的客源。当然，乡村旅游者的动机通常都是多维的，特别是自驾游的快速兴起，旅游者依据自身的经验直奔农家乐或者民宿目的地，农家乐在现代社会优胜劣汰的现象仍然还广泛存在。

二、乡村旅游产业组织模式分析

威廉姆森的交易成本理论能够作为现代研究乡村旅游产业组织模式的重要分析工具。他认为："经济组织都是一种合约安排或一个决策变量，是一种经济节约的机制。经济组织的问题是要设计能够节约交易成本的合约和治理结构，以实现效率的最大化。"①

（一）简单合约框架分析

是指通过一个比较简单的合约框架对产业组织问题进行分析，详细说明现实中的组织治理采取某形式的原因所在。例如，用 k 衡量乡村旅游的专用资产，当 k=0 时，其交易就是常规（通用性）供给的关系，当 k>0 时，那么就会产生旅游附加值。乡村旅游专用资产一般都需要合约加以保障，用 s 表示保障措施，当 s=0 时，也就是不提供保障，当 s>0 时，表示的是缔结了一些有效的保障条款，强调乡村旅游品质的有效保障。假设产业的组织模式为 A，形成乡村旅游的常规供给关系（k=0），预计其盈亏的平衡价格应该就是 p_1，产业组织模式为 B，得到的企业专用性资产支持（k>0），但是不为其提供有效的保障条款（s=0），此时的预期盈亏平衡价

---

① 刘洋.威廉姆森交易成本理论述评[D].长沙：湖南大学硕士论文，2004.

格应该是 p_2。产业组织模式为 C,不仅利用了企业自身的专用资产,也通过其中的第三方提供一个保障条款(s>0),那么盈亏的平衡价格应该是 p_3,应该小于价格 p_2。它们之间所形成一种缔约框架,如图6-6所示。

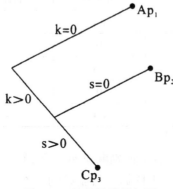

图6-6 简单缔约框架图

在这一简单缔约框架的基础上形成的变体,能够分析出完全不同的产业组织模式形式演变。如彭州市葛仙山镇熙玉村,盛产比较有名的熙玉梨,吸引了大量的游客前去采摘体验,从而进一步带动了乡村旅游的蓬勃发展。

(二)分立结构分析

这种分析联系了各种备选的方案对交易成本节约进行考察。每种产业组织模式都存在一定的激励强度、管理控制以及契约法范围,同时还有适应性的综合界定。乡村旅游产业组织之间的不同主体往往都是通过不同的契约进行支持的,例如"企业 + 农户"的产业组织模式发展过程中,企业与农户之间所缔结的契约关系,假如在一体化的经营中产生了纠纷,则不能全部依赖法庭去解决,还能通过乡村旅游合作社对矛盾机型协调与解决,企业、农户、乡村旅游合作社三者之间所缔结的三边契约关系对于管理而言十分有利,也方便了协调利益关系。当然,产业组织模式通常都需要与地方的实际情况相结合,其核心就是典型的适应性问题。自发和自觉适应都属于一个绩优的经济系统所必需的。其中能够自发适应对应的市场机制,由于市场的自发适应作用得以充分地发挥,从而实现了产品收益的最大化,因此就具有非常强的激励性;而自觉地适应往往都是有意识、有目的的合作,因为合作都是通过正式的组织来实现的,自觉地适应所发挥出来的作用都需要成本,组织层级治理强化了行政控制,却降低了激励强度。在乡村旅游产业组织模式中,还存在大量的混合模式,即多元主体模式,既保留了行政控制的权威性,又提供了必要的激励和保障措施。市场制、混合制和层级制的特征,可以通过表6-1综合比较。

表6-1　市场制、混合制和层级制治理结构的区别

特征	市场制	混合制	层级制
激励强度	++	+	0
行政控制	0	+	++
自发适应	++	+	0
自觉适应	0	+	++
契约法	++	+	0

++= 强，+= 半强，0= 弱

分立结构分析并非简单地判断某种产业模式的优劣性质,其对乡村旅游产业模式的启示,在于依据乡村旅游的基本特征与表现出的问题,调整产业的组织模式中不同主体之间的治理作用,以便能更好地适应发展的需求。乡村旅游产业组织模式是一个有机的整体,分立结构分析同样也是基于一个整体进行的分析,其主要目的就在于对产业组织模式运行的状况做出比较精确的判断,为乡村旅游优化产业组织功能、节约交易成本提供重要的依据与参考。

第三节　乡村旅游创新发展模式

一、美国乡村旅游创新模式

世界不同的国家在宏观经济体制方面都存在着一定的差异,不同地区的农业经济发展在程度上也表现不一,所以,其乡村旅游的主要特点、发展模式以及成长历程也是不尽相同的,对于乡村旅游模式之间的相互借鉴,也有利于在结合自身国情的基础上,制定出符合实际情况的创新发展模式。

美国的乡村旅游模式兴起于19世纪,在20世纪70年代末80年代初到达兴盛。美国的乡村旅游主要是源于铁路的快速发展、公共土地用在户外游憩、第二次世界大战的有关因素和一系列的政策刺激。

美国的乡村旅游直接的动因主要是源于铁路的修建以及公路网络的快速建立。第一批乡村旅游的主要目的地就是通过铁路逐渐发展起来的,在美国的黄石、约瑟米蒂国家公园和加拿大的班夫国家公园之中,早期的

一些自然爱好者投宿地通常选择位于铁路公司修建铁路时用于铁路工人休息的房屋。铁路的贯通对乡村的其他方面快速发展同样十分重要。例如位于北美的钓鱼小屋与露营地。洲际公路网络得以快速发展，为方便到达这里提供了快捷的条件，随着道路的持续贯通，道路周边的门户社区逐渐发展成了一个非常重要的旅游目的地，当地的社区从矿业、渔业、农业等多种产业转变成了旅游产业。

美国乡村旅游的迅速兴起的一个间接助力就是国家公园系统的建立。20世纪初期，在罗斯福执政时期内，在很多爱好大自然人士的极力推动下，美国建起了国家公园系统，特别是1905年的美国林务局得以成立和1916年的国家公园管理局正式成立之后，使大片的自然风光优美的荒野地被大范围地预留出来，加工成了保护与游憩的双重目的。20世纪50年代后期到60年代这段时间内，公共土地政策开始出现向游憩方面的使用，最为重要的一点就是改变了怎样去充分利用资源的联邦法律《荒野法案》。1958—1968年的十年间，成为集休闲娱乐、文化教育、康体健身、探索求知等于一体的户外游憩黄金时期，也成为美国乡村旅游得以迅速发展起来的关键时期。

第二次世界大战的爆发，也成为美国乡村旅游得以迅速发展的又一特殊动因。北美地区的乡村旅游得以大发展也和第二次世界大战存在着十分密切的关系。"二战"后不久，乡村旅游就在美国与加拿大两个国家迅速繁荣起来，原因就是"二战"供应过剩的装备也被用作乡村游憩并且还进一步提升了乡村经济，如吉普车用来越野旅行、战后遗留的橡皮筏主要用来漂流；此外，战后归来的一些军队也形成了数量庞大的户外游憩需要，深受大众喜欢的越野滑雪产业，在这个时期迅速发展，极大地促进了主要乡村旅游目的地的建立。

值得一提的是，在上述的客观动因以外，美国联邦政府的一些扶持政策同样也间接地促进了乡村旅游的快速发展。在高度城市化发展的大背景下，美国广大农村呈现出地多人少的基本状态，推出了农业旅游，一方面进一步弥补了劳力的短缺，另一方面则可以就地推销农产品，因此政府也在大力扶持乡村的旅游开发。1992年时，政府还专门立法规定和引导乡村旅游的发展，为乡村旅游发展提供了充足的法律保障，同时还设立了专门的"农村旅游发展委员会"，对农村的旅游发展政策加以研究。在资金层面，联邦政府成立了专门的"农村旅游发展基金"，联邦政府的小企业管理局制订了农村旅游贷款的计划，依据各个农场的具体情况政府给予启动的资金，州政府则再次采用各种形式为乡村旅游企业提供相应的经济帮助。同时还进一步制定出了非常严格的管理法规,如要求农场一定要设立流动厕所与饮用水水源,露天场所也需要提供消毒水等。

除了上述的一些政策支持之外,美国乡村旅游的发展在非常大的程度上也得益于各州已经制定好的有关鼓励政策。随着农业人口逐渐转变成非农产业人口,美国的村镇开始出现大范围萎缩,城乡之间的收入迅速拉大,在这一大背景下,各州政府都寄希望于发展乡村旅游可以缩小城乡之间的差距,成立自己的旅游管理机构,制定出适合本地发展的旅游政策,对乡村旅游在各州的快速发展起到了极大的促进作用。

美国的乡村旅游十分重视乡村独特特色的保持,依托于自身独特的旅游文化资源,开发出富有典型特色的有针对性的旅游项目,从而就构成了多类型的产品体系,例如家庭民俗旅馆、农场农业观光、森林度假等(图6-7)。

图6-7　美国乡村旅游景观

美国的乡村旅游市场主体针对的是国内居民,乡村地区通常也多受国内居民的欢迎,游客通常都是源于周边城市的居民,外国旅游者非常少。按照美国商务部的数据统计,到访美国的国际游客平均会访问1.6个州,虽然他们每次的旅行平均停留时间为15天,但是大部分的国际游客不愿意到一些远离消费中心城市地区。

二、法国乡村旅游创新模式

法国具有非常古老的乡村旅游传统,但是早期的乡村旅游仅仅是奢华贵族们外出的一种生活方式体现。"二战"之后,法国农村的发展水平处于很低的水平,农村的空心化非常严重,人口出现老化、密度稀疏的问题也变得越来越明显。19世纪时期,法国的农村人口已经达到800万,到了1990年时,则只有70万了。为了消除地区之间的发展不平衡,解决法国面临的农业问题,法国政府实施了"领土整治"的基本政策。

　　早在 1955 年这项政策实施初期,南方的议员欧贝尔就创意性地提出了乡村旅游的基本构想,他提出,在发展农业的基础上发展旅游业,从国家、地区的角度在资金层面上对乡村住宿和改建给予支持。该议题得到东南方地区政府的大力支持,他们首先把一些马厩与仓库改造成了旅馆,修葺古老的村舍,恢复保护古老建筑遗产,营造出一个非常便宜的旅游住宿设施,使经济不富裕的家庭可以参与到旅游建设中来。同年,法国政府启动了"家庭接待服务微型企业"的计划,以便于繁荣农村小镇,克服农村的空心化现象。法国对于当时的休假制度也给予照顾,由于法国是以周末旅游为主体的旅游需求,所以到附近的乡村旅游就变成了当地人们生活的重要组成部分,生日、婚礼、家庭聚会、小孩洗礼等活动也都非常喜欢在农庄中举办,农庄逐渐发展成了人们节假日徒步、骑自行车的重要场所。农民除了继续种地之外,还能够接待大量的旅游者、与人交流,增加自身的经济收入,这种模式的乡村旅游在世界各地的发达国家与地区迅速流行开来(图 6-8)。

图 6-8　法国乡村旅游景观

　　"农户 + 企业 + 协会 + 政府"属于法国乡村旅游的典型发展模式。法国的乡村旅游一直是基于政府主导下进行的。为了可以让农村民居更加适合于"家庭接待服务微型企业"的标准,法国政府大量提供了经费的资助以便能够促进民居的维护和修缮。此外,法国政府在每年都会组织一次为期两天的乡村旅游博览会,为农户和消费者提供更多的信息。

　　法国乡村旅游在起步阶段,政府和行业协会之间的合作就应运而生了。为了进一步推动乡村旅游行业出现自律的情况,相关行业在规范和与质量标准制定方面也都基于政府宏观政策指导完成,并且还给他们提供了特定的培训与各类信息咨询的服务,行业机构与协会则会积极给农户提供大的帮助,以便能够很好地实现乡村旅游的可持续发展。

　　法国乡村旅游最吸引人的地方就是它的产品和由产品共同构建起来的系统都积极地保持原真性和独特性。以"农产品农场"为例,游客可以在乡村当地购买特色农产品,也可以享用农场提供的美食服务,但是每一个农场对外销售的农产品一定是自己生产的,基本原材料在原则上是不能对外购买的,一定是农场种养的动植物为主,副材料则是可以源于农场以外的产区,其生产加工的基本程序一定是在农场内部进行的,用本地方法进行烹调,呈现出本土乡间的典型美食特色,进而能够保证每一个农场都具有自己的特色产品。

　　时至今日,法国的乡村旅游基本上可以和海滨旅游相媲美。游客除了原有的传统垂钓、骑自行车、野地散步、参加狂欢节等多类型的活动之外,还能够打高尔夫球,开展骑术的训练,进行划船、爬山等。开展乡村旅游之后,法国的农业发展呈现出勃勃的生机、活力十足。早期巴斯克一带的农民同样也曾有非常严重的顾虑,怕丢弃土地,从此变得不伦不类,但是终于在20世纪80年代时逐渐兼营旅游,以此为契机,巴斯克一带的农村发展十分迅速。事实证明,乡村旅游和农业发展并非竞争的关系,相反,乡村旅游还可以进一步促进农产品的直销,大幅度提高农庄的经济收入。家庭旅馆的收入主要用在维修、翻新传统农村建筑物等方面,保护文化遗产同样也有非常重要的作用,同时还进一步填补了农业收入季节性较强的空白问题,不但很好地解决了农庄生存的基本问题,同时还极大地促使农庄可持续发展(图6-9)。

图6-9　法国农庄旅游景观

三、乡村旅游创新经营模式

（一）自主、分散经营模式

农民在自发基础上，以户为单位分散自主经营，所有权、经营权合一，一般提供餐饮、住宿或休闲、娱乐服务。自主、分散经营模式以农家乐为主，以提升基础设施档次、增加文化底蕴、提升服务品质为品牌升级的途径。例如郫都区友爱镇农科村的徐家大院，1986 年开始发展农家乐，多次作为国家领导人视察点，2004 年，被全国农业旅游评审委员会授予"中国农家乐第一家"的称号，2006 年，作为国际乡村旅游论坛的会场，接待 15 个国家的参会代表，受到一致好评。徐家大院见证了中国农家乐发展四个阶段，也经历了四次升级，形成了融商务会议、住宿、餐饮、体验观光为一体的园林庭院式乡村酒店。农家乐经营的门槛相对较低，但作为乡村旅游的初级形态，升级的空间实在有限。

自主、分散经营模式的另一种形态是个体农庄。个体农庄具有一定规模，以农业生产和乡村生活为依托，以农耕文化为核心，利用田园景观为游客提供乡村生产生活休闲体验以及住宿、餐饮等基本服务设施，通过植入旅游要素，使之成为一个完整意义的旅游景区。个体农庄的发展，能够吸纳周边闲散劳动力，以手工艺、表演、服务、生产等形式加入乡村旅游服务业，形成以点带面的发展模式。

（二）企业租赁经营模式

乡村旅游实行的是整体租赁经营这一模式，是将某个乡村旅游景区或者项目承过来之后，包给一个企业进行经营，充分发挥出企业在资金、市场、经营、管理等多个方面的优势精力，把乡村旅游产品非常迅速地推向市场。整体租赁的经营模式多以外来投资为主，租赁期内的企业仅仅享有的是旅游经营的自主权。

整体租赁经营的直接对象也可以为政府主导的企业，是由企业租赁集体用地或者农民的土地发展来开展乡村旅游的。例如遂宁市船山区河沙镇十里荷花景区（图 6-10），是由政府主导的永河现代农业园区整体进行租赁经营而成的，主要是以十里荷花作为典型吸引物，围绕禅修圣境、生态民宿、农耕文化，打造出了一个富有特殊意义的"观音文化，荷花表达"的养生休闲度假旅游区。景区内除了栽种的 2000 亩食用藕田以及 300 亩观赏荷花之外，还大力建设了长达 900 米的紫薇长廊以及多达 60

余亩的香薰花谷,从而形成了以花为媒的生态产业链条。发展乡村旅游之后,农民不但能够靠出租土地赚到钱,同时还可以发展荷花工艺、莲藕特色小吃等多种形式来进一步提高收入的来源。整体租赁经营转给了企业之后,企业获得的仅仅是景区的经营权,政府以及当地的社区还需要采取相应措施对景区规划、环境保护实施有效地监督,处理好地方政府、投资企业以及当地居民三者之间的利益分配问题。

图 6-10　遂宁十里荷花景观

(三)股份制经营模式

所谓股份制经营,主要是以资产入股的方式,将多个所有者的经营要素集中在一起来,实行统一经营、统一管理,并且还根据入股比例分红的一种经营方式。根据资源的产权,可以界定为国家、乡村集体、村民小组与农户个人四种产权主模式。股份制经营采取的是国家、集体与农户个体之间的合作方式,将旅游资源、特殊技术、劳动量转化为股本,根据股份分红和按劳分红相互结合的原则,有利于乡村生态环境保护和恢复、旅游设施的建设和维护及乡村旅游的扩大再生产方式。

随着现代共享经济的不断发展,乡村旅游股份制中同样也会出现一些新的模式——众筹模式,就是指通过第三方众筹平台,购买股权或是回报服务(图6-11)。众筹模式特别适合现代共享农庄、度假民宿类的产品经营运作。如崇州市三郎镇打造的"梦田·三郎里"项目,就是采用以度假生活为场景,以活动服务为典型特色,以回归田园山水、创意野趣生活为其主线,打造一个高端目的地式的度假乐园产品。项目的发起人需要通过"多彩投"众筹平台,向社会广大股民筹集资金,曾经一度达到700

万元,通过投资金额13‰的收益分红与10%的消费权益两种不同的回报方式,使股权人受益。"梦田·三郎里"(图6-12)项目的最终预约资金达到940万元,顺利推动了该项目的打造与运营。众筹模式运作下不但筹集到了非常多的资金,同时还进一步地带动了项目的经营与消费,是现代创意型的乡村旅游目的地实施打造与经营的重要创新模式之一。

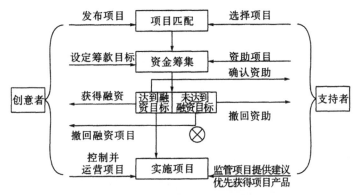

图6-11　众筹模式运行示意图

图6-12　"梦田·三郎里"度假酒店

　　乡村旅游,作为乡村振兴的一个十分重要抓手,对进一步促进农业发展、农民增收与农村繁荣具有非常重要的意义,但是乡村振兴属于一个系统性的工程,期待更多力量的汇入,我们也相信:

　　未来的乡村,农民工可以非常有尊严地回家,乡村的空心化得以解除,空巢老人、留守儿童等多方面的社会问题也都可以得到妥善地解决,昔日的欢声笑语再次重现,乡村不仅不孤单,社会也更为安定和谐。

　　未来的乡村,农业会发展成为有奔头的产业,务农会成为更体面的职业,农村会成为更加美好的幸福家园。城乡要素流动的制度性障碍被打破,农民不再是原子化的农民,而是更加有组织、有素质都市人下乡创业更加便捷。乡村也不再是落后与贫穷的代名词,而是一个更加多元、开放、充满机遇的新空间。

第七章　典型乡村景观与旅游规划案例

乡村景观规划是建设美丽乡村的一个重要组成部分。对乡村景观进行合理的规划，对于促进美丽乡村建设、提高和改善乡村居民的生活水平具有十分重要的意义。本章便对一些典型乡村景观的旅游规划案例进行分析，希望能对其他乡村景观的更好规划具有借鉴意义。

第一节　龙行天下·兴农富民——龙兴龙脉艺术农业园

一、项目背景

（一）项目区位

本次拟定规划打造的龙胆路长 10 公里，外加两端延长线总长约 19 公里，位于渝北区东侧明月山山区半山之上、山腰地带，距离重庆主城中心区约 45 公里、距离渝北区政府约 26 公里，地处重庆都市近郊游憩地带上，邻近排花洞、际华园、民国街两江影视城、龙兴古镇等都市近郊热门景点，三环高速穿越而过，乡村旅游发展优势得天独厚。

（二）项目规划及面积

项目紧邻重庆城市三环路、铁路、两江大道，并驾齐驱，以龙胆路为核心的 19 公里道路沿线为主，辐射包括道路沿线两侧龙兴、石船两镇的洞口、下坝、沙金 3 个行政村部分用地，总体规划面积约 14.5 平方公里，主要以道路沿线的产业、环境、基础设施建设为主。

（三）项目现状

1. 经济情况

基础设施配套薄弱，区域产业规模总体较小，且产业链十分单一，农业综合效益尚未完全体现出来。

2.交通情况

该区域地处明月山生态涵养山区,长期以来,交通不便,基础设施薄弱。

3.居住人口情况

当地大多以传统种植业和外出务工为生。由于农业效益普遍较低,因此人口外流现象明显,劳动力短缺。

4.土质种养情况

当地土质瘦,荒地面积大,种养产业传统低效。

5.电力水源情况

电力相对、水源短缺。

图 7-1 项目现状图

（四）项目资源叙述

1.排花洞

景区沿御临河长达 35 公里,有山、水、林、泉、洞、峡、瀑布等自然资源和雄、奇、险、秀、幽的自然景观,鬼斧神工的飞瀑流泉、古朴典雅的凉亭、好客的村民,都让人充分领略到青山绿水的旅游乐趣。

图 7-2　排花洞

2. 际华园

际华园是一个集国际优质品牌购物、时尚运动娱乐、旅游度假休闲、特色餐饮为一体的现代生活服务体验中心,致力于为消费者提供一种全然放松而又颇具奢华国际感的消费体验。

图 7-3　际华园

3. 两江影视城

朴拙的路面、曲折的街巷、林立的商铺、层叠的石梯都完美地再现了当年老重庆的风貌。特别是新华日报、交通银行、国泰大戏院等重庆标志性建筑。

图 7-4　两江影视城

4. 龙兴古镇

路面宽敞整洁,道旁绿树成荫,富有都市气息的群众文体广场、商业步行街、龙湖水上公园、生态园,现代城镇与古镇老街民居、祠堂、寺庙、寨子得到完美的结合,具有独特的民俗文化气息和显著的人文景观色。

图 7-5　龙兴古镇

5. 矿山公园

蓄满水后,废弃矿坑成为坑塘湖,由于矿坑积水长期对岩石的溶解作用,水的颜色渐渐变成了翡翠色,颇为壮观,迅速在网上爆红,被称为"都市的黄龙"、"重庆的九寨"。

图7-6　矿山公园

（五）政策背景

党的十九大提出,要全面实施乡村振兴战略,建立健全城乡融合发展体制机制和政策体系,加快推进农业农村现代化。巩固和完善农村基本经营制度,深化农村土地制度改革。

渝北区农委积极响应国家及区委区政府战略部署,立足全区农业农村发展率先谋划乡村振兴实施方案。

龙脉路沿线将成为渝北区践行乡村振兴战略、推进农村人居环境改善和乡村旅游发展的重要试点区。

二、项目分析

（一）项目调研

图 7-7　项目调研考察图

（二）项目实景

图 7-8　项目实景图

（三）项目各种条件分析

1. 气候条件

亚热带季风性湿润气候,冬暖夏热。

2. 道路交通

地处明月山生态涵养山区,交通不便。

3. 产业条件

社会经济发展缓慢,产业单一。

4. 用地条件

土地闲置荒芜居多。

5. 环境卫生

浑然天成,空气清新宜人。

6. 公共设施

公共设施系统相对单一,需增加更为系统性导向及部分设施。

（四）区位优势

（1）邻近主城,新大重庆的后花园。
（2）周边旅游资源丰富,辐射面广。
（3）荒地面广,便于从零打造。
（4）变荒为宝,特色鲜明,可持续性强。
（5）森林覆盖面大,便于市民康养。

（五）发展诉求

（1）农业的生态保护。
（2）农业的因地制宜。
（3）农业的林相分析。
（4）农业的旅游功能。
（5）农业的点线结合。

三、项目规划

（一）规划理念

整合农业、龙、当地文化民俗特色等地域优势资源,提出"龙兴·兴农"的总体设计概念,推出"龙行天下·兴农富民"的发展策略,践行"绿水青山就是金山银山"的国家战略精神,形成振兴龙兴乡村产业集群,切实改变农民生活方式,实现脱贫致富。

辐射周边,建立共享农旅合作社,形成"公司 + 合作社 + 农户 + 艺术 + 旅游"的模式,让当地农民成为投资者、创业者、经营者、受益者,让走出去的回来,共建美好幸福新家园。

这里可远观新重庆,见山是山,见水是水,山峦起伏,两江环抱,风景怡人。身在龙脉,见山不是山,见水不是水,得见的是农俗之魂,农事之趣,农家之真,农业之本。品味龙脉,见山还是山,见水还是水,上行如山,上善若水,仁者乐山,智者乐水,人与自然交映生辉,融龙文化精神,阴阳合和,龙凤呈祥,天地万物道自然,山水之间,山水之上,乡村振兴新篇章。处处是景,处处留影,处处有情,处处分享,将项目打造成新大重庆之上的艺术农业园。

（二）规划思路

项目形象、观赏、游乐、研学、康养、宜居、市集等几个方面进行有序系统规划,达到可观、可听、可赏、可品、可玩、可学、可养、可拍,塑造网红,共生共享,塑造地域特色共享农业旅游产业。

1. 山

保护及利用山丘景观。使其成为良好的视线焦点及观景点。突出部分山体的梯田景观。

2. 水

利用龙胆路周边现有地势、小溪、沟谷等景观资源,创造亲水活动空间,丰富基地内活动类型。

3. 林

利用现有森林资源,创造悠闲静谧的休闲空间,打造一种隐居与世外的桃源生活。

（三）项目目标

渝北区龙兴镇龙脉路沿岸景观立足于发展城郊生态型、立体式,集旅游观光、休闲娱乐、避暑纳凉、研学旅行、生态保护为一体的全新体验式乡村旅游长廊,融入现代农业产业化发展策略、艺术农业和乡村旅游文化内涵,通过环境、资源、产业的集成,以"乡村振兴,生态建设,艺术创造,文化传承、研学旅行"为发展目标,达到产业兴旺、生态宜居、乡风文明、治理有效、生活富裕的目的,养心、养颜、养生、养人,塑造一种远离城市回归原野,放松自我,回归本真的生活方式。

四、项目设计

（一）设计故事

龙兴镇有个传说：建文帝取道太洪江,夜宿江北隆兴场一小庙……追兵到隆兴场搜索至此,见庙貌残破……建文帝因而得以脱险,终于到达邻水幺滩,在旧臣杜景贤处隐居。

图 7-9　设计故事

（二）创意思路

依据龙兴镇核心价值和发展战略,以三村为规划主线,龙文化主题贯通融合,辐射观赏、游乐、研学、康养、宜居、市集等项目,塑造一个极具特色、独一无二、冲击强的龙骨架形象,穿插各类季节瓜果花卉,从空中俯瞰、剖面远观、近邻品鉴等视角建立形象,为龙兴乡村振兴找到一个产业符号,打造中国特色龙文化乡村,为市民提供一条龙文化艺术乡村之旅。

龙魂精神　　　　　　　龙兴情怀　　　　　　　乡村振兴

图 7-10　创意思路

（三）符号衍生

图 7-11　符号衍生

（四）设计原则

　　坚持"因地制宜、因势利导、因地而生"的原则，保持原貌特征，用好当地一草一木一树，一石一砖一瓦，造景自然化，景观本土化，宜景宜人宜心。借助山地的特色及本土文化，强调环保意识，尽可能地保留和修复原有的建筑特色和环境特点，回归自然，还璞归真。

　　主要元素：以"龙"为主体，能显能隐，能细能巨，能短能长，通过整体规划、重复、大小、厚薄、实体与空间等多种方式结合打造龙文化的特色风情。

　　主要风格：从中国、重庆市当地特色的角度分析，整合"农业 + 艺术"结合龙文化。

　　主要材质：农具、稻草、钢材、玻璃、老木。

（五）主道设计

龙脉路重新规划，整个项目以龙脉路为中轴往道路两边沿伸，紧沿龙脉路通过地形与龙的结合，运用 3D 农作的手法打造一条飞天巨龙，穿越于群山之间，龙元素贯通，形神兼备，体验参与性强。

图 7-12　主道设计

（六）次道设计

龙脉步道整体以龙为界（图中红色线为龙脉步道），伴随龙胆路，人车分离，以龙为形，注入脉搏，振兴乡村，兴旺产业，龙兴天下，兴龙富民。

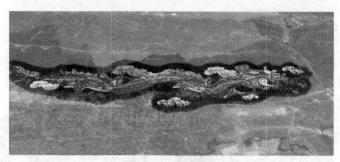

图7-13 次道设计

（七）龙脉步道

龙：能显能隐，能细能巨，能短能长，运用龙的变幻，整个步道行走于果林之中穿越于自然当中。

图7-14 龙脉步道设计（一）

龙：春分登天，秋分潜渊，呼风唤雨，腾飞而望远，伏地而穿林，花海果岭尽在其身。

图 7-15　龙脉步道设计（二）

龙：能大能小，能升能隐；大则兴云吐雾，小则隐介藏形；升则飞腾于宇宙之间，隐则潜伏于波涛之内。方今春深，龙乘时变。

图 7-16　龙脉步道设计（三）

紧沿龙脉路通过地形与龙的结合，运用 3D 农作的手法打造一条飞天巨龙，穿越于群山之间。

将龙脉分为五个部分来打造：

第一部分：艺术林地：（1）艺术果园；（2）艺术花卉；（3）艺术农市。

第二部分：龙居民宿：（1）居民新村；（2）农居改造；（3）艺术民宿（4）艺术家根据地。

第三部分：儿童乐园：（1）趣味昆虫；（2）水果卡通；（3）乐趣体验。

第四部分：农耕公园：（1）农耕文明；（2）农事体验；（3）农产采摘；（4）农家味道。

第五部分：龙行天下：（1）飞龙形象；（2）文化故事；（3）乡间康养。

图 7-17　龙脉区域划分

1. 龙行天下

以龙为整个公园的精神堡垒，入口以龙头为骨架，就地取材，创造极具特色、独一无二的龙（农）文化艺术形象，彰显中华文化核心内涵，实现中国梦，成就重庆创造渝北新未来。

（1）飞龙形象

以龙头为形以农具为饰，打造一个震人心魂，触人身心，给人深深铭记的形象烙印。

龙头　　　　　　＋　　　　　　农具　　　　＝　　　入口处形象

图 7-18　飞龙形象

（2）入口飞龙形象

以龙头为主要形态，以农具、竹子为主材，通过艺术创造，打造一个震人心魂、触人身心、刻骨铭心的项目形象。

用农具拼合而成的主龙头现象，龙嘴张开人们从中穿越而过，促使人们穿越现代放下包袱体验一番细土，欣赏一番美景。

图 7-19　入口飞龙形象（一）

图 7-20　入口飞龙形象（二）

（3）龙文化故事

龙文化源远流长，华夏儿女均为龙的传人，传承龙的文化，讲述龙的故事。

（4）导视

通过对龙的形态演变打造龙的导向，龙的指引，龙的发扬。

图 7-21　龙文化故事

图 7-22　导视

（5）乡间康养

通过养颜健体、营养膳食、修身养性、关爱环境等各种手段,使人在身体、心智和精神上都能达到自然和谐的优良状态。

2. 农耕公园

集农旅、农业、农产、农事于一体的综合性规划区。邀至田园,看花开、闻稻香、品自然、享生活。结合传统节日,发展季节农事体验、季节农果采摘,体验春耕、夏耘、秋收、冬藏。

（1）农耕文明

传承文化,发扬传统,体验农业、农事、农耕。

图 7-23　农耕文明

（2）农事体验

传承文化，体验农村生活，学粒粒皆辛苦，造勤俭生活。

传承文化，体验农村生活，体验劳有所获的快乐。

（3）农产采摘

传承文化，体验农村生活，绘健康生活。

（4）农家味道

传承文化，品农家菜，忆乡愁往事。

图 7-24　农家味道

3. 儿童果园

让儿童身临其中，去感受，去发现，去体验农业的艰辛和乐趣，使儿童从小知道"粒粒皆辛苦"的真谛，培养小孩勤俭的生活习惯，增加儿童了解自然、发现自然、创造自然的能力。

（1）趣味昆虫

身临其境，亲自捕捉，现场教学，用行动去学习。

图 7-25　趣味昆虫

（2）水果卡通

用稻草、竹子等当地材料编织出各种卡通形象让小孩停下来去思考，去想象，去发挥，去创造。

图 7-26　水果卡通

（3）乐趣体验

体验农趣，体验劳有所获的乐趣，培养小孩勤劳，主动动手能力，在快乐中获得知识。

4. 龙居民宿

通过对当地的老建筑改造传承文化创造未来，用艺术的手法打造独一无二富有地方特色的农居环境和体验方式，集田居隐居闲居于一体打造重庆特有的艺术与传统，艺术与农业，艺术与生活相结合的特色民宿。

（1）居民新村

新时代的农村人：有家的地方没有工作，有工作的地方没有家，他乡容不了灵魂，故乡安置不了肉身，从此有了漂泊，有了乡愁有了牵挂……农村发展的滞后使农村人口大量流失，乡村经济没落，乡村环境空壳化现象严重。

图 7-27　村庄旧貌

以全面现代化为建设目标，将规划区打造成一个以新游客暨多元一体、新旅游暨多业一体、农业园暨区域一体的新社会结构，全面对接农业文旅综合体建设。

居民新村社会体系构化，通过中产阶级的主流来构建文化创意职业化，生活方式休闲化，基础设施生态化，服务管理专业化，居住环境野奢化的小镇新文化体系，实现中国梦。

图 7-28　新村风貌

（2）农房改建

为传承文化延续智慧，将极具重庆地域特色的老房旧房改造成现代民宿，传承了文化，保护历史经典，让当地农户和消费者感受龙居带来的吉祥和谐，幸福安康。

图 7-29　农房改建（一）

图 7-30　农房改建（二）

对室内进行清理改造,使房子既保留原来的韵味又符合现代人的生活习惯。

图 7-31　农房改建（三）

图 7-32　农房改建（四）

（3）艺术民宿

用艺术的手法打造新型民宿,让人体验不一样的生活,处处有意,处处生情。

图 7-33　农房改建（五）

（4）艺术家根据地

亲近自然，感受自然，阅读田间地头，一书、一屋、一田间，花开、稻香迎面春风无限灵感。

图 7-34　艺术家根据地

5. 艺术林地

通过季节的演变花开花落，树上慢慢结果，慢慢成熟，打造不同季节不同主题的旅游，吸引游客享受不同季节带来的收获，增进现代人的季节意识，教育儿童了解季节变化，手有余香，福泽满园。

（1）艺术果园

不同的季节，不同的瓜果，每个季节都能尝到那份新鲜。

图 7-35　艺术果园

（2）艺术花卉

四季变换，美在山间。

图 7-36　艺术花卉

（3）艺术农市

图 7-37　艺术农市

第二节　清水亲邻・繁荣昌盛——荣昌区安清旅游线路设计

一、荣昌区安清旅游纵线概念规划设计方案

（一）项目分析

1. 项目实景

图 7-38　项目实景图

2. 项目区位分析

重庆市荣昌区安清公路全长约 9.2 公里,是连接重庆市荣昌区安富镇与清江镇的主要公路。

安富镇的地方传统艺术品陶器。清代以前叫磁窑里,有史可证的陶器最早出现在汉代,明清时代得到广泛发展,20 世纪 70 年代达到鼎盛时期,100 多年前就销售到东南亚地区,60 年代起,销售到美国、德国、英国、荷兰、挪威、芬兰、日本等国。

清江镇因地制宜,依托丰富的水资源,将农业和旅游业有机结合,改善现有两个农业园基础设施,打造"田间课堂公益田"50 亩,让志愿者亲身体会现代农业种植乐趣。同时以"两水、两园、一岛"为载体,大力发展生态旅游,拓展现代农业功能,打造休闲生态旅游"特色水乡"。

(二)设计理念

1. 文化提取

(1)陶器技艺

荣昌陶器兴起于汉代,距今已有 2000 年历史。1953 年,国家轻工部命名"荣昌安陶"为中国四大名陶之一(与江苏宜兴紫砂陶、云南建水陶、广西钦州陶并称为中国四大名陶),安富也成为中国三大陶都之一。

图 7-39　陶器技艺

(2)农耕文明

荣昌是国家现代农业示范区、国家农业改革与建设试点示范区、国家级重庆(荣昌)生猪交易市场、国家麻竹生物产业基地、全国绿化模范区国家开发银行金融支持现代农业示范区建设试点区。实际拥有耕地 89

万亩,农业形成粮油、生猪、笋竹三大主导产业和生姜、茶叶、黑花生、白鹅、蜜蜂等特色产业。

图7-40　农耕文明

（3）特色竹乡

荣昌是西南地区麻竹种植面积最大的区县,被国家林业局命名为"中国麻竹笋之乡"、"中国特色竹乡"和"全国笋竹两用林丰产栽培标准化示范区",并建成我国第一个竹类生物产业基地——麻竹生物产业基地。

（4）孝道文化

孝与感恩是中华民族传统美德的基本元素,在清江镇传承于历史的老建筑上依然保留"福、禄、寿、喜"的字样,包含敬养父母、生育后代、推恩及人、忠孝两全、缅怀先祖等美好愿望,是中国人品德形成的基础。是一个由个体到整体,修身、齐家、治国、平天下的延展攀高的多元文化体系。

2. 深化提炼

中华文化源远流长,结合当地文化传承孝道、发扬农耕文明、倡导匠人精神为安清公路注入文化的灵魂,让人行进途中潜移默化体会中华文化的魅力、看见匠人制造的美丽、体验农耕与艺术结合的创造美。

3. 材料、工艺

设计元素主要运用当地特有材质结合农业与艺术为荣昌打造一条全新的安清公路。整体结合安福陶艺、竹编艺术、秸秆再造、墙绘艺术、瓶贴艺术、编制艺术等工艺,运用点线面的结合手法,将安清公路打造成重庆乃至全国特色公路。

（1）陶艺：安福陶艺；瓶贴艺术。

图 7-41　陶艺

（2）竹艺：竹编艺术；匠心独造。

图 7-42　竹艺

（3）秸秆：秸秆再造；编制艺术。

图 7-43　秸秆

（4）艺术：墙绘艺术；拼贴艺术。

图 7-44　艺术

（三）项目设计

1. 设计效果

（1）孝感动天

虞舜，瞽瞍（ gǔ sǒu）之子。性至孝。父顽，母嚚，弟象傲。舜耕于历山，有象为之耕，鸟为之耘。其孝感如此。帝尧闻之，事以九男，妻以二女，遂以天下让焉。

图 7-45　孝感动天设计

（2）哭竹生笋

三国时期吴国孟宗，少丧父。母老，病笃，冬日思笋煮羹食。宗无计可得，乃往竹林中，抱竹而泣。孝感天地，须臾，地裂，出笋数茎，持归作羹奉母。食毕，病愈。

图 7-46　哭竹生笋设计

（3）百里负米

周仲由,字子路。家贫,常食藜藿(lí huò)之食,为亲负米百里之外。亲殁,南游于楚,从车百乘,积粟万钟,累茵而坐,列鼎而食,乃叹曰:"虽欲食藜藿,为亲负米,不可得也。"

图 7-47　百里负米设计

（4）弃官寻母

宋代朱寿昌,年七岁,生母刘氏,为嫡母所妒,出嫁。母子不相见者五十年。神宗朝,弃官入秦,与家人诀,誓:不见母,不复还。后行次同州,得之,时母已年七十余矣。

图 7-48　弃官寻母设计

（5）卧冰求鲤

晋王祥,字休征。早丧母,继母朱氏不慈。父前数谮之,由是失爱于父母。尝欲食生鱼,时天寒冰冻,祥解衣卧冰求之。冰忽自解,双鲤跃出,持归供母。

图 7-49　卧冰求鲤设计

（6）涌泉跃鲤

汉姜诗,事母至孝;妻庞氏,奉姑尤谨。母性好饮江水,去舍六七里,妻出汲以奉之;又嗜鱼脍(kuai),夫妇常作;又不能独食,召邻母共食。舍侧忽有涌泉,味如江水,日跃双鲤,取以供。

图 7-50　涌泉跃鲤设计

2.点线结合

整体以农耕文明二十四节气与中国传承孝道文化 24 孝结合打造,有时间有故事的描绘整条道路。以清江为点重点打造点线结合让人走在线上,停在点上深入感受孝行之旅!

二、清江镇共享农旅生态园规划设计方案

（一）项目背景

1.区位分析

清江镇隶属于重庆市荣昌区,位于荣昌区西南端,自然资源丰富,河

中岛四面环水,占地800余亩,古称宛在洲,又叫桃园寨,是清江八景之首,有"分水四岸绿,山送朝霞红;清磬传云树,渡舟迎晓风"的美称。

清江镇因地制宜,依托丰富的水资源,将农业和旅游业有机结合,改善现有两个农业园基础设施,打造"田间课堂公益田"50亩,让志愿者亲身体会现代农业种植乐趣。同时以"两水、两园、一岛"为载体,大力发展生态旅游,拓展现代农业功能,打造休闲生态旅游"特色水乡"。

2. 交通分析

清江镇辖区内交通便捷,荣泸公路、安清公路穿境而过,基本达到社社通公路,该镇共有村级公路4条,总里程达15公里,分布在辖区4个村(社区),实现了村(社区)公路全覆盖。

3. 规划范围

荣昌位于重庆市区西部,紧邻四川省,距离重庆市区120公里,项目地位于重庆市荣昌区,位于重庆市与四川省的交界处,以208乡道8公里道路沿线,辐射包括道路沿线水渠,沿线两侧河中村、堰塘屋基、协和沟村3个行政村部分用地,主要以道路沿线的产业、环境、基础设施建设为主。

4. 现状分析

(1)土地利用

清江镇主要以山水为主,农田为辅。道路规划不明确,导向缺乏灵动性,整体规划过于单一,缺乏主题。

(2)建筑情况

建筑主要以新建水泥房为主,缺乏地域性特色,与自然不能共融。

(3)地形情况

依山傍水,自然资源丰富,但缺乏系统性规划,自然趣味性,互动性缺失。

图 7-51　项目现状

5. 资源叙述

（1）濑溪河

濑溪河在唐宋时期叫濑婆溪，是古代大足至荣昌、荣昌到泸州的主要交通运输通道，但这条河流每隔一段就有一些石滩子阻断通航，所以这条河流是一段一段的通航，在这些石滩子上，航运受阻，货物必须在这里转船，才可继续航行。

图 7-52　濑溪河

（2）优质水稻

清江镇优质水稻种植基地，以鑫稼源农业服务股份合作社为主的优质粮油生产基地，以重庆市沃稻垣农业开发有限公司为主的粮食加工基地。

（3）稻虾共作

境内生物资源丰富，现代农业、畜牧、水产业发达，养殖业以养鱼、鸭、鹅、猪为特色；有养鱼水面 3000 余亩，有速生林 4200 余亩。

（4）跳墩桥

跳墩桥是现代桥梁的原始雏形，是一种最古老的桥梁，但多是现代园林中的应景之作,乡野之中单独存在的这种桥型少之又少。而此桥跨度大,有特点,有内涵,这即是清江百姓对濑溪河的厚爱。

图 7-53　优质水稻

图 7-54　稻虾共作

图 7-55　跳墩桥

（二）项目分析

1. 项目调研

图 7-56　项目调研

2. 项目实景

图 7-57　项目实景

（三）项目规划

　　整合农业、孝文化、当地文化民俗特色等地域优势资源，提出"鱼水融（荣）情，孝行人家"的总体设计概念，推出孝友情·邻里心·好心人的发展策略，践行"绿水青山就是金山银山"的国家战略精神，推行田坝头的耍玩意儿的口号，形成清江乡村振兴产业集群，通过环境、资源、产业的集成，以"乡村振兴，生态建设，艺术创造，孝道传承、研学旅行"为发展目标，塑造出一种远离城市回归乡野，留住乡愁，放松自我，孝笑生活的生活方式，达到产业兴旺、生态宜居、乡风文明、治理有效、脱贫致富的愿景。

　　辐射周边,因地制宜,就地取材,以农作物、瓜果蔬菜、野花野草、农耕器具等作为主体元素,从研学、康养、宜居、市集等几个方面进行有序系统规划,达到可观、可听、可赏、可品、可玩、可学、可养、可拍,塑造成网红热点,共生共享,建立共享农旅合作社,形成"公司＋合作社＋农户＋艺术＋旅游"的模式,让当地农民成为投资者、创业者、经营者、受益者,让走出去的回来,共建美好幸福家园。

　　田间地头,河水环抱,风景怡人。身在清江,享农俗之魂,农事之趣,农家之真,农业之本。品味清江,上善若水,智者乐水,人与自然交映生辉,融孝文化精神,阴阳合和,天地万物道自然,田地之间,清江之上,塑造成中国特色乡村孝行文化典范镇。处处是景,处处留影,处处有情,处处分享,将项目打造成成渝之间的共享农旅生态园。

（四）项目设计

1. 符号衍生

图 7–58　衍生符号

2. 设计原则

　　以"因地制宜、因势利导、因地而生"的原则,保持原貌特征,用好当地一草一木一树,一石一砖一瓦,造景自然化,景观本土化,宜景宜人宜心。借助山地的特色及本土文化,强调环保意识,尽可能地保留和修复原有的建筑特色和环境特点,回归自然,还璞归真。

　　主要元素:以"鱼"为主体,通过重复、大小、厚薄、实体与空间化。

　　主要风格:从川渝区域特色分析,突出乡俗乡风,彰显地道风情。

　　主要材质:农具、稻草、钢材、玻璃、老木。

3. 清江镇一期平面方案总览

图 7-59　清江镇一期平面方案总览图

1. 鱼形象入口；2. 接待中心；3. 孝行展馆；4. 生态停车场；5. 景八间；6. 艺术民宿；7. 田间趣玩；8. 研学基地；9. 儿童果园；10. 趣味昆虫；11. 如鱼得水——水上乐园；12. 农耕公园；13. 艺术农市；14. 农趣体验园；15. 农家味道；16. 艺术家根据地；17. 农耕采摘；18. 农耕观赏；19. 乐趣体验；20. 乡间康养；21. 生态种植；22. 艺术果园。

4. 清江镇生活农场平面方案总览

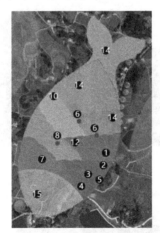

图 7-60　清江镇生活农场平面方案总览图

①鱼形象入口；②接待中心；③孝行展馆；④生态停车场；⑤景八间；⑥艺术民宿；⑦田间趣玩；⑧研学基地；⑨儿童果园；⑩趣味昆虫；⑪如鱼得水——水上乐园；⑫农耕公园；⑬艺术农市；⑭农趣体验园。

5. 孝行人家

以孝文化主题,以鱼为载体,入口以鱼为骨架,就地取材,创造极具特色、独一无二的艺术形象,彰显中华文化核心内涵,实现中国梦,成就重庆创造清江新未来。

(1)接待中心

结合原有建筑,重新改造规划,打造独特的游客接待、文化展示、特色形象展示中心。

图 7-61 接待中心设计

(2)艺术民宿改造

图 7-62 艺术民宿改造前照片(一)

图 7-63　艺术民宿改造设计（一）

图 7-64　艺术民宿改造前照片（二）

图 7-65　艺术民宿改造设计（二）

（3）田间趣玩

领略田间风情，自然风光，体验与城市生活截然相反的生活方式与乐趣。

图 7-66　田间趣玩

（4）研学基地

亲近自然,感受自然,阅读田间地头,一书、一屋、一田间,花开、稻香迎面春风无限灵感。

图 7-67　研学基地

（5）趣味昆虫

身临其境,亲自捕捉,现场教学,用行动去学习。

（6）农耕公园

①休闲平台。

②观光步道

图 7-68　观光步道（一）

图 7-69　观光步道（二）

图7-70　观光步道（三）

图7-71　观光步道（四）

（7）农家味道

深入田间，架一方凉台，搭一处灶台，摆一张饭桌；取之自然，融入自然，享受自然的美味，体验"鲜"的味道。

（8）艺术家根据地

图7-72　艺术家根据地

以清江山水稻田为背，以阳光雨露饰，打造自然舞台，唱生活之赞歌，听自然之妙音。

舞蹈始于生产，而扬于生活。出于田间地头，而局于台面。在清江造生活舞台，刚柔并进、收之放之。扬自然之美，凸显生活韵味。

（9）农耕观赏

图 7-73　农耕观赏

（10）乡间康道

图 7-74　乡间康道

（11）二十四节气活动

二十四节气中，以春分、夏至、秋分、冬至为主题，设立踏青日、丰收节等。为家庭游玩提供主题、游玩项目。

①春分·风筝文化艺术节：艺术风筝设计大赛；踏青之旅；放风筝比赛；乡村马拉松；野菜采摘。

②夏至·稻花节：稻花观赏；稻田垂钓；稻花艺术；稻田摄影。

③秋分·丰收节：庆丰收；吃新米。

④冬至·年猪节：杀年猪；买年货；烤年肉；吃年味；庆新年。

6.人居环境设计

将社会主义核心价值观与农耕结合，运用石砖、石磨、老犁等农耕元素，结合局部墙绘表现、竹艺等艺术手法营造舒适、安逸的人居环境。

图7-75　设计效果图

（1）埋儿奉母

郭巨，家贫。有子三岁，母尝减食与之。巨谓妻曰："贫乏不能供母，子又分母之食，盍埋此子？而可再有，母不可复得。"妻不敢违。巨遂据坑三尺余，忽见黄金一釜，上云："天赐孝子郭巨，官不得取，民不得夺。"

图7-76　埋儿奉母效果图

（2）乳姑不怠

唐崔山南曾祖母长孙夫人，年高无齿。祖母唐夫人，每日栉洗，升堂乳其姑。姑不粒食，数年而康，一日疾笃，长幼咸集，乃宣言曰："无以报新妇恩，愿子孙妇如新妇孝敬足矣。"

图7-77　乳姑不怠设计效果图

（3）扼虎救父

晋杨香，年十四岁，尝随父丰往田获杰粟，父为虎拽去。时香手无寸铁，惟知有父而不知有身，踊跃向前扼持虎颈，虎亦靡然而逝，父子得免于害。

图7-78　扼虎救父设计效果图

（4）卖身葬父

汉董永，家贫。父死，卖身货钱而葬。及去偿工，途遇一妇，求为永妻。俱至主家，令织缣 [音 jian] 三百匹乃回。一月完成，归至槐阴会所，遂辞永而去。

图 7-79　卖身葬父设计效果图

（5）弃官寻母

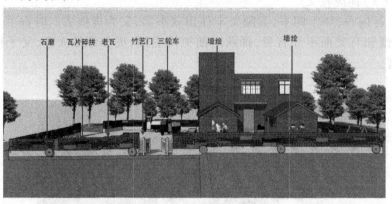

图 7-80　弃官寻母设计效果图

（6）扇枕温衾

汉朝时期，孝子黄香的母亲早逝，他知书达理，在炎热的夏天，他用扇子扇凉席让父亲睡。冬天则先钻进被窝温热被子让父亲先睡。

（7）卧冰求鲤

晋王祥，字休征。早丧母，继母朱氏不慈。父前数语之，由是失爱于父母，尝欲食生鱼，时天寒冰冻，祥解衣卧冰求之。冰忽自解，双鲤跃出，持归供母。

图 7-81　扇枕温衾设计效果图

图 7-82　卧冰求鲤设计效果图

第三节　米林·雅江畔田园综合体概念性策划方案

　　米林·雅江畔田园综合体探索的模式和道路：新田园主义综合体建设。在国家乡村振兴战略引领下，托米林县雅江畔原生态环境风貌以"提升农业生产、植入休闲旅游产业、建设幸福人居"为核心，以加快美丽乡村建设、破解城郊发展不平衡、促进城乡一体发展为目的构建现代都市和乡村文明交融的社会生产、社会活动和幸福生活的美丽版图。

　　核心要素：田园气质与氛围

　　成功特质：田园空间与居住工作空间的有机结合；农业产业功能与休闲功能的有机结合；农业产业功能与文化产业的有机结合。

一、聚焦米林、痛点剖析

（一）天赐米林

1. 水资源（雅江滋养地）

米林县地处西藏自治区东南部，林芝市西南部，东西狭长，西高东低，多宽谷，相对高度相差较小，全县平均海拔 3700 米，呈山河谷地形。米林县境内河流众多，雅鲁藏布江从西向东横贯全境，境内河段长 250 公里，全县有 5 条较大的支流，河流总长 1077 公里，水力资源和淡水渔业资源丰富。

2. 气候条件（高原多氧地）

林芝被誉为"西藏的小江南"，而紧邻林芝市区的米林县气候更加湿润多氧，平均海拔 3700 米，属高原温带半湿润季风气候区，年平均气温 82℃，降水量 641 毫升，85% 的雨水集中在 6—9 月，无霜期为 170 天。印度洋与孟加拉湾暖流通过雅鲁藏布江通道，形成亚热带温带、寒带并存的特殊气候。

3. 自然资源（藏医药发源地）

米林藏语意为药洲之意。气候的多样性造就了米林丰富的自然资源，全县有 2000 多种高等植物，境内野生药材种类繁多，主要有虫草、红景天、当归、雪莲、秦艽、雪山一枝蒿等，以及松茸、蕨菜等多种菌类、蕨类植物。

图 7-83　米林野生药材

据《西藏中草药志》所载,西藏80%的草药产自米林。米林是世界呈现生物多样性最典型的区域之一,堪称生物基因库。

藏医药是中国医学宝库中一颗璀璨的明珠,药洲米林,则是孕育这颗明珠的地方。

公元十世纪,藏医药始祖宇妥云丹贡布在米林扎贡沟中开设讲堂,创立了西藏第一所藏学校,扎贡沟因此被称作王谷,是公认的医盐发源地。

4.人文资源（文化交融地）

米林县全县总人口2.3万人(2012年统计数据),却分布有藏、汉、珞巴、门巴、侗、回、彝、土家、羌等9个民族,各民族文化包容并济。其中米林工布毕秀制作技艺、珞巴族文化入选国家级非物质文化遗产名录。

当地每年举办"黄牡丹藏医药文化旅游节"、"工布新年"、"萨嘎达瓦节"、"罗乔节"等民族传统节日,届时民族舞蹈、民族服饰、民族饮食等独具特色的民族文化和多姿多彩的民俗风情更是令游客流连忘返,陶醉其中。

图7-84　多姿多彩的米林文化

5.旅游资源（神奇旅游地）

得天独厚的地理位置,众多的山川河流,复杂的地形地貌,构成了米林县引人入胜的自然景观。境内分布众多景区,旅游资源种类丰富,自然和人文资源组合良好。

图7-85　米林美景

主要旅游资源有南迦巴瓦峰；雅鲁藏布江大峡谷；雅江沿线桃花大道；南伊沟景区；扎贡沟风景区；扎西绕登寺、羌纳寺；索松村、直白村、达林村等民俗村；米拉山；工布民风景区；佛掌沙丘；格嘎天然温泉……

（二）尴尬米林

1. 毗邻林芝市区，屏蔽效应较强

米林县地处林芝市西南部，是距离林芝市最近的县城（距林芝市巴宜区约 72 公里），特殊的地理位置造就了米林的秀美天资，但也给米林的发展带来了困惑。

受林芝市的屏蔽效应较强，造成世人"只识林芝而不知米林"的尴尬处境，米林的资源优势和特色在民众认知和传播中是缺失的。"林芝归来不看花"，世人只识"林芝桃花"而不知米林的桃花更美。

2. 旅游资源众多，呈散点分布

米林县狭长的河谷地形和一江两岸的村落布局，造成其资源景点呈点状分布，道路交通呈带状串联。位于最东部的南迦巴瓦峰和雅鲁藏布江大峡谷因资源禀赋极高而成为众多游客观光首选之地，而带状的交通线路又不得不让游客走回头路，易造成外来游客审美疲劳，而选择结束米林县旅程，从林芝市区前往拉萨或直接去往墨脱。

3. 空间发展失衡，东热西薄弱

以旅游业为核心发展产业的米林县受资源分布特点影响，以尼洋河和雅江交汇处为界，呈现"东热西薄弱"的空间发展市衡现象，东部"南迦巴瓦峰和雅鲁藏布江大峡谷"龙头景区对周边村落的发展带动效应较强，而西部围绕米林县和南伊沟分布的村落却发展滞后。

4. 产品开发单一，产业共融乏力

米林目前的旅游产品以资源型的生态观光游为主，度假产品开发不足，共性化、同质性产品多，个性化、融合文化深度体验式产品供给不足。乡村旅游有所发展，但开发层次较低，不能满足消费升级的现代游客多样化需求。

二、顺势而为、应时而生

（一）应时米林

1. 战略诉求

（1）田园综合体——主张新田园主义指导乡镇建设

宏观政策出台——农业面临着产业升级、农村土地价值释放、城乡资源要素市场对接的新阶段。

2017 年中央一号文件：支持有条件的乡村建设以农民为主要载体、让农民充分参与和受益，集循环农业、创意农业、农事体验于一体的田园综合体，通过农业综合开发、农村综合改革转移支付等渠道开展试点示范。

关于开展田园综合体建设试点工作的通知：财办 [2017]29 号文件明确：围绕农业增效、农民增收、农村增绿，支持有条件的乡村加强基础设施、产业支撑、公共服务、环境风貌建设，实现农村生产生活生态"三生同步"、一二三产业"三产融合"、农业文化旅游"三位一体"，积极探索推进农村经济社会全面发展的新模式，新业态、新路径，逐步建成以农民合作社为主要载体，让农民充分参与和受益，集循环农业、创意农业、农事体验于一体的田园综合体。

（2）田园综合体——新型"生态绿色田园生活"标杆

核心价值——满足人的回归"乡土"需求，城市人流，知识流反哺，促进乡村的经济发展。

功能承载——高效农业、乡村休闲、文化创意

田园综合体是集现代农业、休闲旅游、田园社区为一体的特色小镇和乡村综合发展模式，是在城乡一体格局下，顺应农村供给侧结构性改革、新型产业发展，结合农村产权制度改革，实现中国乡村现代化、新型城镇化、社会经济全面发展的一种可持续发展模式。

2. 区域命题

（1）精准扶贫

米林县围绕"一个率先、两个重点、四个同步"的脱贫攻坚战略布局，采用"五个结合"精准发力，提高脱贫攻坚成效。

（2）产业融合

米林县围绕"旅游兴县、实干立县、产业融合、富民强县"的总体战略，

依托优美的环境、丰富的资源、深厚的文化、便利的交通条件,按照"一带三区一基地"产业发展布局,大力推进旅游、藏医药、现代农业和商贸物流四大产业体系建设。

（3）农旅融合

大力实施以旅游为核心的产业融合发展战略,坚持"三产带一产、一产促三产、接二联三"的理念,走现代农业庄园、田园综合体、家庭农场、花海之家、高原水果采摘等集观光、休闲、体验、度假于一体的农旅融合发展之路。

（4）全域旅游

以建设具有"浓郁西藏风情、高原药洲特色"休闲度假胜地和游客进藏"最佳适应地和旅游目的地"为目标,全面推进"全域旅游示范县"建设。

3. 市场拉力

（1）我国社会主要矛盾变化新时代,全民度假时代,庞大的中产消费时代。

· 全民休闲引领旅游市场发展
· 自驾游、自助游、自主游、订单式旅游成为一种时尚
· 亲子游是家庭出游的主推力
· 休闲农业旅游成为当下旅游热点
· 深度体验旅游需求日益增强
· 城郊地带是都市日常休闲的首选

（2）雾霾袭城,都市人冲出"十面霾伏"——逆城市化时代。

旅游消费者已经开始由追逐都市感向生态感转变,生态、回归的自然元素将成为新的向往,米林优美的自然环境成为大众理想的世外桃园。

（3）都市人"回归"、资本"转移"——乡村经济时代。

城市人群"回归",追寻一种乡野生活方式。他们渴望的是与乡村生活产生共鸣,而不单单是离开城市。乡村民宿承接了城市人群的返乡住宿需求,成为对话乡村的载体。感受"活"着的乡村,体现出对文化的深度体验。乡村民宿携带的文化基因是乡愁的依托,其建筑设计及服务理念都在传递一种文化表达。

资本转移:社会财富和一部分资源正从都市向乡村转移。

4. 发展动力

在经济快速发展下,乡村生活急需改善、乡村产业急需转型。
村庄空心化,农村社区活力正在消失;

耕地抛荒化,农业产业本源正丢失;

村民非农化,农民劳动人口正流失;

民风粗俗化,传统文化延续正缺失。

（二）项目选址

1. 区位交通优势

地处雅鲁藏布江北岸,位于米林县与林芝机场中间地段。S306 连通林芝市、机场和米林县,项目地距离林芝市 50 公里,距离米林县 7 公里,距离林芝机场 6 公里。

2. 特色资源整合

景观风貌:地处雅江江畔,桃林广布,雅江、雪山、森林、田园牧歌和谐映衬,自然风光静谧旖旎,宛若世外桃源。

人文资源:藏式村落、藏式文化。

图 7-86　米林特色资源

3. 综合物理条件

项目规划面积约 8000 亩,包括彩门村、多荣村、萨玉村三个村落,及基本农田(约 3000 亩)、古桃林(约 700 亩)、滨江滩涂地(约 1500 亩)及雅江湿地(约 1500 亩)。

三、取势明道、战略定位

（一）发展策略

1.特色农业示范

以小规模、高品质、纯生态的农业理念，打造米林特色生态农业第一品牌，同时通过农旅融合、文旅融合带动产业一体化发展。

2.乡土田园营建

以田园为基，以生态为脉，以文化为魂，推进特色田园建设，保护山水基底、田园肌理、空间形态，协调乡村建筑、田园景观、自然风光，重塑和谐共融的人地关系。

3.产业融合发展

以生态为依托，以文化为内涵，以旅游为引擎，以富民为根本，以创新为理念，以市场为导向，推进农业与旅游、教育、文化、体育等产业深度融合，实现田园生产、生活、生态的有机统一和一二三产业的深度融合。

4.园区—社区共进

积极探索"生活与产业共进、居民与游客共享"新型发展模式，带动人流、资金流、信息流向本地聚集，通过多元化运营模式引导周边村民参与到项目建设和发展中来，以产业精准扶贫的方式带动村民发展致富。

（二）总体定位

建设以藏药材、青稞、绿色果蔬及等生态农业为特色，以生态为依托，以旅游为引擎，以文化为支撑，以富民为根本，以创新为理念，以市场为导向的特色鲜明、宜居宜业、惠及各方的国家级田园综合体。

重点通过大力打造农业产业集群、稳步发展乡村旅游、开发农业多功能性，推进农业产业与旅游、教育、文化、康养等产业深度融合，实现田园生产、田园生活、田园生态的有机统一和一二三产业的深度融合，为农业农村和农民探索一套可推广可复制的、稳定的生产生活方式，走出一条适合米林地方特色的集生产美、生活美、生态美"三生三美"的乡村发展新路子。

（三）市场定位

1. 区域定位

基础市场——以林芝市为核心的本地市场，主要为周边县市客群的循环重复消费。

拓展市场——兰州—西宁城市群、成渝城市群、关中平原城市群、中原城市群、呼包鄂榆城市群等中西部大城市客群。

机会市场——长三角、珠三角、京津冀等国内其他城市及海外市场。

2. 功能定位

自然观光、文化体验；乡村度假、山水养生；家庭自驾、山地旅游；休闲娱乐、户外运动等。

3. 群体定位

城市中产人群；中青年人为主；少年和老年人为补充。

（四）产业规划

农村生产生活生态"三生同步"、一二三产业"三产融合"、农业文化旅游"三位一体"。

构建三产融合的产业体系，做强、做大、做精生态农业和乡村旅游产业，同时大力发展餐饮娱乐业、体育运动业、自然教育业等。

第一产业（基础产业）：有机农业、藏药材产销、特色农产品生产等。

第二产业（支撑产业）：有机藏食用药材加工、文创产品研发等。

第三产业（发展产业）：文化旅游业、餐饮娱乐业、体育运动业、自然教育业等。

（五）发展目标

国家级休闲农业与乡村旅游示范区；林芝市乡村休闲产业发展集聚区。

四、践行实施、全方构建

（一）功能布局

两带：十里芳华大道、滨江漫步大道。

五区：多彩田园生活休闲区、药州生态农业示范区、主题创意休闲农业区、乐享桃源休闲度假区、生态保育自然观光区。

（二）项目分布

米林雅江畔田园综合体项目列表					
空间布局	功能板块	功能定位	核心项目	子项目	节庆活动策划
两带	十里芳华大道	生态观光文化展示交通组织	桃花大道沿线村容村貌改造提升	景观提升	
	滨江漫步大道	滨江慢游自行车赛道	滨江大道建设、沿线景观提升	服务驿站、观景平台	桃源步道健行活动、滨江自行车赛事
五区	多彩田园生活休闲区	田园社区共享民风民俗体验	多荣村田园社区彩门民俗体验村	多荣村田园社区（工布人家、社区活动中心、田园生活馆、社区健康理疗中心、绿源市集、电商服务平台等）、彩门民俗体验村{彩门客栈、藏家十坊（响箭作坊、民族服饰作坊、牦牛毛骨制品工坊、牦牛肉腌制工坊、藏地木碗作坊、藏香制作工坊、藏纸工艺坊、牦牛酸奶作坊、青稞面食作坊、青稞酒坊）、密宗川菜馆、艺术家部落}	藏客共舞互动
	药州生态农业示范区	高原农业种植特色生态养殖	多荣村田园社区彩门民俗体验村	千亩藏药材种植基地(大棚种植基地、食用药材加工包装间、物流配送中心、智能技术人才培训基地)、共享家庭农场（度假木屋＋一亩田园）、田园牧歌(藏香猪、牦牛、藏香鸡散养基地)	

续表

米林雅江畔田园综合体项目列表					
空间布局	功能板块	功能定位	核心项目	子项目	节庆活动策划
五区	主题创意休闲农业区	生态农业观光 农事活动体验	"花落人间"大地艺术景观（青稞农田现"桃花花瓣"壮观艺术景观）	桃花仙子主题标识景观、山楂树之恋（影视摄影基地）、三生三世之约（互动景观）、桃花坞（休闲餐饮）、田间工事（农事体验）、麦田工坊（亲子DIY）、梵天花境（经济作物草花种植）	舞桃花、品酒趣、吟客乐活动，写生摄影活动、亲子自然教育活动
	乐享桃源休闲度假区	营地露营度假 郊野休闲运动	山泽居度假营地 桃韵五馆 桃源运动公园	山泽居度假营地（汽车营地、房车营地、帐篷酒店、星空露营、木屋酒店、轻奢酒店）、桃韵五馆（桃花茶、桃花酒、桃花粥、桃花丸、桃花妆）、桃源运动公园（水上高尔夫、户外运动俱乐部、自行车主题园）	桃花节、摆花节、工布新年、古桃朝拜、桃花仙子比评赛、桃花源国际旗袍大赛、自行车运动赛、露天音乐会等
	生态保育自然观光区	湿地环境保护 生态自然观光	雅江瓣岛湿地公园	花弄影（岛上夜间亮化打造）、观光塔、观景平台、亲水栈道	

（三）开发时序

一期：2018—2019年（精品打造、龙头带动）：两带、两端头项目精品打造，基础配套设施的建设，快速引爆市场。

二期：2020—2022年（拉开骨架、统筹开发）：药州生态农业示范区、主题创意休闲农业区和乐享桃源休闲度假区重点项目落实。

三期：2021—2025年（全面开发、持续发展）：田园社区配套项目建设，推动旅游业态与农业等其他产业相融合，从而实现多元化盈利点的构建和可持续的发展。

（四）运营建议

项目综合运营要实行"政府、公司、社会、合作社、村民"共同参与的模式,最大限度地实现资源的优化配置,发挥政府、企业、村民和社会各自的优势和资源,充分调动多方面的积极性,才能更完美和顺利地完成项目的运营,实现风险共担、利益共享。

（五）综合效益

米林雅江畔田园综合体开发必将带来三方共赢的效益。

政府：发挥项目区位和环境优势,通过田园综合体开发,有力地解决城郊发展不平衡、"三农"问题、城乡统筹发展等一系列问题,全面提升米林核心吸引力和竞争力；通过带动区域发展藏药材规模化种植和共享农庄示范,通过现代互联网品牌化和订单式配送,通过产品统一品牌包装和销售,做大做强藏医药品牌,从而有效延伸产业链,增加综合附加值,助推区域经济的发展。

企业：通过项目的投资和区域开发,为企业寻求一条多元产业增收新模式；通过回馈社会,进一步提升企业美誉度,实现综合盈利目标。

周边农民：加入项目开发建设之中,通过参与农业产业、休闲旅游服务和乡村文化创意等,有力地解决了返乡农民就业、创业问题、精准脱贫,实现"三农"的转型升级,最终达到周边农民收入增加和幸福指数的提高。

第四节　梁平田园综合体项目汇报

一、项目背景

（一）旅游产业现状及趋势

1. 重庆旅游市场及趋势

以重庆、成都为核心的川渝城市群已经具备成熟度假消费的经济实力。观光游、团队游向自驾游、家庭游转型,旅游消费升级需求逐渐爆发。

（1）2016年中国旅游城市吸引力排行榜,重庆居第三位,在上海、北京之后（数据来源：中国旅游研究院）。

（2）2016年,旅游收入2645.21亿元人民币,年均增长11.82%；旅游人次达 4.51 人次,年增长率为 11.10%。

（3）以特色化深度体验为特征的度假经济将替代普通的观光和团队旅游方式。

（4）"微休闲、微旅游"细分市场份额逐步增加,以大中城市为核心客源市场,以自驾游、亲子游、乡村游为特征的周边短时休闲度假需求逐年递增。

2. 梁平旅游市场及趋势

梁平旅游产业处于初级发展阶段,各项主要指标在全市及所在区域排名靠后。旅游资源各自为政,开发形式单一,未经整合成竞争合力。

3. 旅游资源梳理

（1）自然资源

自然资源:以"山、水、林"为特色的生态资源丰富,有"天然氧吧"的美誉。

自然景观优美,拥有狐狸嘴、蟠龙洞、百亩花海、万亩竹海、高山瀑布等山川景观,观赏价值高。

①百里竹海景区:35 万亩天然竹林,自然景观与"竹文化"和人文景观相结合,密布于百里槽谷,形成天人合一,刚柔相济的优化结构,是梁平绝配的自然景观(图 7-87)。

图 7-87　百里竹海

②东山国家森林公园:景色迷人,洞穴景观、山水一体化特色突出,具有"雄、奇、秀、幽、野"的森林特色(图 7-88)。

③第四纪古冰川遗址:第四纪冰川运动的结果,是距今 200 多万年的冰川遗迹冰臼群,属于罕见的地质遗迹。

图 7-88　东山国家森林公园

（2）人文资源

有一定的人文资源沉淀，尤以禅宗和非遗为文化亮点，开发潜力较大（图 7-89 ~ 图 7-92）。

①禅宗文化：梁平最著名的文化，宗教旅游资源品味极高，文化底蕴深厚，素有"西南佛教禅宗祖庭"之称的双桂堂，奠定了梁平在中国佛教史和文化史上的重要地位。

②山寨文化：古寨资源众多，留下厚重的山寨文化。

③易学文化：梁平仅次于禅宗的重要文化，易学大师辈出。

④非遗文化：特色鲜明，数量奇大，五大国家级非遗文化，是全国拥有国家级非遗项目最多的县之一，梁平木版年画、梁山灯戏、梁平癞子锣鼓、梁平竹帘、梁平抬儿调等先后入选国家级非物质文化遗产，享有"中国民间文化艺术之乡"的美誉。

图 7-89　双桂堂

图 7-90 金城寨

图 7-91 梁山灯戏

图 7-92 梁平木版年画

4. 上位规划解读

旅游产业发展现状与丰富的旅游资源不匹配,建议抓住旅游产业升级和度假消费需求爆发的契机,以重点项目为切入点,带动旅游产业弯道超车。

(二)交通区位分析

梁平属于重庆市的中郊旅游区、"东北旅游线"重要节点,位于"大三峡旅游经济圈"内,是长江三峡陆路旅游主题线的必经之地,承接成渝两大地区的客源市场,潜在消费群体 6000 万。

梁平县对外综合交通网络发展成熟,高铁、高速公路构成对外快速通道。1 小时通达重庆主城、渝东北片区,覆盖近 3000 万常住人口,3 小时通达成渝经济区主要城市及湖北西部、陕西南部、贵州北部地区,覆盖近 6000 万常住人口。

项目位于梁平县扈槽村,通过二环线对外联系,距县城 14 公里。

(三)场地资源梳理

项目距蟠龙洞风景旅游区仅 4 公里,周边田园景观秀丽怡人,沿二环路设置观景平台、高山农业示范点等观景点,拥有优质大米、扈槽西瓜、高山蔬菜等多种农产品资源,但资源有效利用深度不够。

项目用地以林地为主,森林植被保育良好,有少量基本农田,适宜发展森林类度假项目。

(四)场地条件分析

规划用地红线内,综合基地用地条件分析,基地以山地为主,高差较大,朝向东南、视线良好、适宜建设用地面积较少,约为 100 亩。

(五)项目 SWOT 分析

1. 优势

交通条件便捷,1 小时可到达主城,3 小时可通达成渝主要城市,客源市场较大;自然资源丰富、人文资源特色突出,极具地方代表性;梁平位于重庆市"东北旅游线"重要节点,旅游市场潜力巨大。

2. 劣势

旅游资源独特性较弱,资源价值挖掘不足,核心竞争力不强;旅游产业尚处于初级阶段,以观光为主,旅游产品较为单一;缺乏完善的旅游产业链,不利于旅游业的高效发展。

3. 机会

"田园综合体""美丽宜居乡村建设"等良好的旅游发展政策为旅游业发展指引新的方向;渝万高铁的开通,给梁平旅游业发展带来前所未有的机遇,对周边游客的辐射范围从100公里扩展到500公里。

4. 威胁

项目周边资源同质化严重,竞争压力较大;项目用地坡度较大,基础设施建设不完善,开发难度较大。

二、地产市场

（一）量价关系

商品房量价4年持续稳定增长,2016年去化近68万 m^2,近期销售价格4367元 $/m^2$。

（二）业态量价

住宅是市场绝对成交主力,占比90%以上;受地价上扬带动,住宅价格持续走高,7月成交价4525元 $/m^2$,较1月上涨近600元 $/m^2$。

（三）典型项目

1. 美丽泽京

项目概况	
占地面积	9.4万 m^2
建筑面积	28万 m^2
容积率	2.5
容积率	社区商业、幼儿园
开发企业	重庆泽京房地产公司

销售情况:
（1）高层:面积96 ~ 109 m^2,价格5100 ~ 5200元 $/m^2$;
（2）花园洋房:面积129 m^2左右,价格5400元 $/m^2$。

2. 盛世华都

项目概况	
占地面积	33 万 m²
建筑面积	80 万 m²
容积率	2.5
容积率	特色餐饮、星级会所、大型超市
开发企业	重庆兴茂产业发展公司

销售情况：

（1）高层：面积 78 ~ 120m²，价格 5000 ~ 5300 元 /m²；

（2）花园洋房：面积 145m² 左右，价格 5400 元 /m²。

（3）商业：面积 100 ~ 500m²，在售 1F 137m² 商铺价格 14800 元 /m²，预计新开盘价格 1F 30000 元 /m²，2F 15000 元 /m²，3F 8000 元 /m²。

（四）地产市场总结

1. 整体市场

（1）市场现状：传统地产市场，集中开发双桂新城；

（2）商品房量价：整体量价稳定，近 2 年年均销售 63 万 m²，均价 4367 元 /m²；

（3）分物业量价：住宅市场活跃(占比 90% 以上)，商业走量偏低，近期住宅价格受地价带动上涨 600 元 /m²。

2. 典型项目

（1）产品类型：高层是住宅绝对主力，花园洋房辅助走量，少量商业在售；

（2）产品价格：高层 5200 元 /m²，花园洋房 5400 元 /m²，商铺 1F-30000 元 /m²，2F-15000 元 /m²。

三、项目定位

（一）案例研究

1. 田园东方

首个展示农村休闲生活方式的大型田园综合体项目。

区位：距离无锡市中心 20 公里，高铁站 30 公里，乘高铁到周边城市控制在一小时之内,2 小时自驾可直达长三角任何一个城市。

占地面积:6246 亩。

总建筑面积:11.67 万平方米(一期)。

一期:占地 560 亩,总建筑面积 11.67 万平方米,文旅(招租)、农业(赠送)、地产(销售)。

二期:文旅、民宿、饭店等吃喝玩乐业态(持有运营)。

三期:养老养生(产权形式未定)。

项目规划:

现代农业、休闲文旅、田园社区三大板块,主要规划有乡村旅游主力项目集群、田园主题乐园、健康养生建筑群、农业产业项目集群、田园社区项目集群等。

农业板块:导入当代农业产业链上的特色、优势资源,在阳山镇既有农业资源上进行深化和优化的双重提升。

文旅板块:以"创新发展"为思路,引入拾房清境文化市集、华德福教育基地等文旅资源,打造含亲子教育、文化展示、原乡民宿、特色市集等多种文旅业态,以现代田园式理念,满足不同人群的体验需求。

2. 卡尔斯农庄

项目区位:波罗的海沿岸的 Purkshof 小镇。

项目类型:大型连锁儿童体验农庄。

项目规模:占地 8 公顷,其中超市和餐饮占地 4 公顷。于 1921 年兴建。

主要经营内容:完成了从一产到三产的完美结合,目前已有 5 个连锁农庄,2 个主题咖啡店,300 多个草莓屋销售点。是德国休闲农业鼻祖,是德国最成功的儿童体验农庄模式。

收入来源:农场日接待量 1 万 ～ 1.5 万人,人均消费 15 欧元,日收入约 15 万 ～ 20 万欧元,其中,餐饮占收入的 60%,超市占 40%。为期 5 个月的采摘季可销售 400 万欧元草莓产品。

项目规划:

农产品制造系列:如果酱制造课、巧克力制造课等;

体验系列:如草莓节、中世纪节、室内外体验等;

特色市场系列(共有 11 种):如定制的特色农产品,乡村商店,小木棚等;

娱乐活动系列(多达 59 种):如翻斗乐、创造课、土豆袋子滑行器、海底世界等;

小动物系列:如矮种马骑马体验、蝴蝶花园、免费动物表演等。

3. 案例研究小结

以乡村和乡村土地为资源点,以乡村旅游休闲为吸引点,打造不同层次的乡村旅游产品,引爆田园综合体目标市场;以乡村休闲商业项目为支撑点,为乡村旅游者和居民提供配套商业服务,完善服务体系;最后以乡村休闲地产为核心盈利点,取得相应回报。

(二)市场定位

主打梁平周边一小时交通圈,覆盖3小时交通圈的短时休闲度假市场。以家庭度假游为主力,商务休闲游和乡村文创游为特色。

重点市场:梁平本地为主,覆盖重庆主城及周边区县(1小时交通圈)。

机会市场:成渝经济区及陕南、鄂西、黔北地区(3小时交通圈)。

其他市场:休闲度假、中转游客。

(三)产品定位

打造高、中、低结合的度假产品体系,满足不同市场需求。

1. 高端度假产品

针对人群:当地企业主、企事业单位、高收入群体。

核心产品:商务休闲会所(包含小型精品度假酒店、会议室、私人泳池等功能)、特色民宿、康养中心等。

2. 品质度假产品

针对人群:中产白领家庭。

核心产品:非遗文化中心、有机美食餐厅、民艺聚落、山地特色运动体验等。

3. 普通度假产品

针对人群:文艺青年、城市家庭。

核心产品:矿山公园、民艺手作中心、农耕体验园、麦田迷宫等。

(四)产业定位

以旅游为龙头,利用"旅游+"模式,整合当地特色农业资源,开发农业多功能性,推进农业产业与旅游休闲产业深度融合,促进农村经济发展。

（五）文化定位

整合梁平特色的文化资源,在项目内形成体验项目,赋予文化内涵。

（六）项目总体定位

以休闲农业为本,文化创意为脉,围绕乡村自然风貌和非遗民俗文化两大核心魅力,打造集山地运动、文化传承、休闲人居于一体的梁平顶级山地田园度假综合体,树立梁平乡村旅游度假标杆。

四、方案呈现

（一）经济技术指标

总规划用地面积:9270亩,其中,新增建设用地面积:114亩。
总建筑面积:58580m²。
容积率:0.8。

（二）功能分区及设计

1. 特色住宿体验区

作为整个片区的接待休整区,提供主题民宿、露营基地、房车基地、树屋体验等多种住宿体验;导入梁平非遗文化要素,打造非遗艺术体验聚落。
规划面积:102公顷。
业态构成:
核心业态:主题民宿、柚文化工坊、露营基地、房车营地、高山木屋。
重要业态:艺术家聚落、民艺手作室、山地休闲餐厅、观景台。
一般业态:高山农业示范基地。

2. 精致农业示范区

体验引导区,结合优质农业景观及梁平高山农业文化,打造精致农业示范基地,涵盖农村公社、农事博物馆、农业采摘园、农事烘焙体验等多种农业体验业态。
规划面积:280公顷。
业态构成:
核心业态:农事科普基地、农耕体验园、精致农业示范基地、扈家农庄村公社、乡村民宿。

一般业态：麦田迷宫、民俗演义中心、田间咖啡屋。

3. 山地康养度假区

深度体验区，以山地康养为基调，包含山野度假房、一览商务会所、休闲 BLOCK、摘星台等度假体验业态，提供品质度假享受。

规划面积：159 公顷。

业态构成：

核心业态：一览会所、山养会所、山野度假房。

重要业态：高山茶艺体验园、有机美食餐厅、康养中心、田野景观大道、高山水吧。

一般业态：林间酒馆、休闲绿道、风筝草坪、茶林氧吧、亲子竹亭、生态水库、摘星台、山居草堂、村民公约。

4. 山地运动体验区

充分挖掘山地地形特征，结合原有矿厂打造山地矿山公园，以攀岩俱乐部、山地自行车、真人 CS 等山地特色运动为主要体验业态。

规划面积：75 公顷。

业态构成：

核心业态：矿山公园。

重要业态：山地自行车、丛林穿越、攀岩俱乐部、真人 CS。

一般业态：运动餐厅。

（三）节庆策划

结合传统农事习俗及梁平在地民俗，围绕"农耕文化"和"非遗文化"两大文化主题，以展现及体验当地特色、民俗风情为理念，进行主题节庆活动策划，树立项目文化品牌形象。

1. 农耕文化节

结合四季农事民俗，以农耕文化为节日主题，组织春夏秋冬四季大型农耕节庆活动。

活动主题：春耕、夏耘、秋收、冬藏。

活动内容：从当季饮食、农业文明体验、当地节庆民俗行为等方面组织四季大型农事体验活动，设置花海摄影比赛、四季美食赏、农事博览、农耕运动日等多种体验活动，开启传统文化深层次体验。

2. 非遗文化节

整合梁平五大国家级非遗项目及其他民俗文化,组织梁平民间艺人,设立非遗文化体验中心,进行非遗文化节活动组织。

活动主题:梁平非遗体验

活动内容:以梁山灯戏、梁平木版年画、梁平竹帘、梁平癞子锣鼓、梁平抬儿调为主,辅以其他民俗活动,提供文化集市、文化展览、艺术创作、戏剧排演等多种体验方式,丰富节日体验内容,增强游客互动性,开启非遗文化深层次体验之旅。

(四)分期策略

1. 一期——塑造良好形象

一期旅游用地面积1200亩,其中,政府开发750亩,企业开发450亩,改建农房面积1900m²。总投资金额1395万元。

(1)开发目的

搭建项目骨架,塑造梁平周末游目的地良好形象,提升区域识别性,吸引本地客群,留住过夜游客。

(2)开发策略

梳理梁平现有旅游资源,以二环路入口为起点,改造区域引导区入口旅游形象,率先打造以民艺手作聚落、非遗文化中心等为主的民俗文化先导区。

布局主题民宿、露营基地、房车营地、树屋住宿等特色住宿服务设施,留住过夜旅客。

政府推动完成道路、水库等基础设施建设,培育旅游度假产业生长土壤,为后期引入品牌企业,促进区域良性建设发展打下坚实基础。

2. 二期——聚集项目人气

二期旅游用地面积7634亩,其中,政府开发5350亩,企业开发2284亩,新增建筑面积500m²,改建农房面积385m²。总投资金额865万元。

(1)开发目的

延伸休闲产业链条,以"乡村文化、山地运动、养生度假"核心项目引爆人气,快速提升项目价值基点,扩大客群辐射范围,完善片区度假服务配套设施。

(2)开发策略

围绕山野养生主题,通过高山茶艺体验园、休闲木屋、打造核心度假产品,有效导入区域度假人口,奠定度假村初步形态。

进一步挖掘农业文化资源,推动休闲度假产品招商引资,打造涵盖乡村公社、农耕体验园等农事文化体验产品,配合传统农事节庆活动,引导游客深度体验。

依托矿山林地资源,打造矿山运动公园,涵盖真人 CS、攀岩俱乐部、丛林穿越等多种特色山地运动体验。

3. 三期——打造核心名片

三期旅游用地面积 100 亩,新建销售物业面积 56193.6m^2,商业面积 2136m^2。总投资金额 24534 万元。

（1）开发目的

以高品质产品集聚核心竞争力,打造梁平核心旅游名片,促进带动区域社会经济的全面发展。

（2）开发策略

通过高端养生会所、山野度假房等高端度假产品开发,进一步提升区域消费结构层级。

小镇中心商业配套功能持续完善,引入高山有机餐厅、休闲酒吧等乐活休闲业态,进一步完善片区管理体系建设,促进田园综合体度假形态与功能开发全面完成。项目整体进入持续运营状态。

（五）综合效益

1. 社会效益

完善当地居民生活配套及旅游服务设施,丰富游客体验和居民生活。

优化农村产业结构,助推三产深度融合,推动梁平休闲旅游产业转型升级,打造具有高度竞争力的度假品牌。

将小农户生产生活引入现代农业农村发展轨道,增加就业人口,促进农业增效农民增收。

2. 经济效益

建设开发合计需缴纳税费 1507 万元;

项目建成后,增加就业约 120 人;

年增加消费 1100 万元;年增加税收 70 万元。

参考文献

[1] 吕明伟,任国柱,刘芳.美丽乡村 [M].北京:中国建筑工业出版社,2015.

[2] 朱平国,卢勋.居有其所:美丽乡村建设 [M].北京:中国民主法制出版社,2016.

[3] 文丹枫,朱建良等.特色小镇理论与案例 [M].北京:经济管理出版社,2017.

[4] 胡巧虎,胡晓金,李学军.生态农业与美丽乡村建设 [M].北京:中国农业科学技术出版社,2017.

[5] 张天柱,李国新.美丽乡村规划设计概论与案例分析 [M].北京:中国建材工业出版社,2017.

[6] 李军.新时代乡村旅游研究 [M].成都:四川人民出版社,2018.

[7] 绍旭.村镇建筑设计 [M].北京:中国建材工业出版社,2008.

[8] 刘和平.美丽乡村之家庭农场 [M].广州:广东科技出版社,2016.

[9] 贺斌.新农村村庄规划与管理 [M].北京:中国社会出版社,2010.

[10] 阮铮.新农村规划与建设读本 [M].郑州:黄河水利出版社,2012.

[11] 唐洪兵,李秀华.农业生态环境与美丽乡村建设 [M].北京:中国农业科学技术出版社,2016.

[12] 刘伟民.美丽乡村建设之乡风民风 [M].广州:广东科技出版社,2016.

[13] 吕明伟,任国柱.美丽乡村:休闲农业规划设计 [M].北京:中国建筑工业出版社,2015.

[14] 温峰华.中国特色小镇规划理论与实践 [M].北京:社会科学文献出版社,2018.

[15] 卢伟娜,李华,许红寨.农业生态环境与美丽乡村建设 [M].北京:中国农业科学技术出版社,2015.

[16] 四川省旅游培训中心.乡村旅游创新案例 [M].北京:中国旅游

出版社,2018.

[17] 国家旅游局规划财务司. 中国休闲农业与乡村旅游发展经典案例 [M]. 北京：中国旅游出版社,2011.

[18] 黄春华,王玮. 新农村建设背景下乡村景观规划的生态设计 [J]. 南华大学学报（自然科学版）,2009,23（3）.

[19] 唐珂. 美丽乡村建设理论与实践 [M]. 北京：中国环境科学出版社,2015.

[20] 吕明伟,任国柱. 休闲农业园区规划设计 [M]. 北京：中国建筑工业出版社,2007.

[21] 安徽大学农村改革与经济社会发展协同创新中心课题组. 乡村旅游：中国农民的第三次创业 [M]. 北京：中国发展出版社,2016.

[22] 熊金银. 乡村旅游开发研究与实践案例 [M]. 成都：四川大学出版社,2013.

[23] 刘黎明. 乡村景观规划 [M]. 北京：中国农业大学出版社,2003.

[24] 李秋香. 中国村居 [M]. 天津：百花文艺出版社,2002.

[25] 王云才. 乡村景观旅游规划设计的理论与实践 [M]. 北京科学出版社,2004.

[26] 卞显红. 江南忆·最忆古镇游：江南水乡古镇保护与旅游开发 [M]. 北京：中国物资出版社,2011.

[27] 顾小玲. 新农村景观设计艺术 [M]. 南京：东南大学出版社,2011.

[28] 叶梁梁. 新农村规划设计 [M]. 北京：中国铁道出版社,2012.

[29] 马虎臣,马振州. 美丽乡村规划与施工新技术 [M]. 北京：机械工业出版社,2015.

[30] 吴玲娜. 社会主义新农村建设中的生态文明建设研究 [D]. 杭州：浙江师范大学,2012.

[31] 王喆. 美丽乡村建设的中国梦 [J]. 今日中国论坛,2013（17）.

[32] 何平. 实施"六美"工程打造美丽乡村 [J]. 新重庆,2012（12）.

[33] 郭焕成,吕明伟. 我国休闲农业发展现状与对策 [J]. 经济地理,2008（4）.

[34] 王俊强. 新农村建设背景下的农村生态环境问题研究 [D]. 武汉：武汉科技大学,2013.